土木工程科技发展与创新研究前沿丛书

真空堆载联合预压法加固高铁软基试验及数值模拟研究

雷 鸣 胡柏青 黄 振 著

武汉理工大学出版社
·武 汉·

图书在版编目(CIP)数据

真空堆载联合预压法加固高铁软基试验及数值模拟研究 / 雷鸣，胡柏青，黄振著. 武汉 ：武汉理工大学出版社，2024. 9.-- ISBN 978-7-5629-7161-0

Ⅰ.TU471.8-33；TU472.3-33

中国国家版本馆 CIP 数据核字第 20243WT309 号

Zhenkong Duizai Lianhe Yuyafa Jiagu Gaotie Ruanji Shiyan ji Shuzhi Moni Yanjiu

真空堆载联合预压法加固高铁软基试验及数值模拟研究

项目负责人：王　思(027-87290908)　　责任编辑：王　思

责任校对：王　威　　版面设计：正风图文

出版发行：武汉理工大学出版社

地　　址：武汉市洪山区珞狮路 122 号

邮　　编：430070

网　　址：http://www.wutp.com.cn

经　销　者：各地新华书店

印　刷　者：武汉邮科印务有限公司

开　　本：787 mm×1092 mm　1/16

印　　张：9.25

字　　数：145 千字

版　　次：2024 年 9 月第 1 版

印　　次：2024 年 9 月第 1 次印刷

定　　价：68.00 元

凡购本书，如有缺页、倒页、脱页等印装质量问题，请向出版社发行部调换。

本社购书热线电话：027-87391631　87523148　87165708(传真)

前　　言

在我国沿海、沿江、沿湖地区广泛分布有淤泥及淤泥质土地基。这种软基含水量大、强度低、抵抗变形能力差，在其上修建房屋、铁路、公路等土木工程设施，就必须严格控制软基变形。真空堆载联合预压法是具有显著效果的加固这种软基的排水固结方法。然而，目前这种工法在相应工程中的应用经验偏少，探究真空堆载联合预压加固高速铁路软土地基的固结机理、试验方法、计算方法等，具有重要的理论和实践意义。本书依托高速铁路真空堆载联合预压软基加固工程，采用室内模型试验、现场监测试验、理论分析和数值模拟计算相结合的方法，针对真空堆载联合预压法加固软基中的土体性状变化规律、孔压变化规律、变形变化规律和数值分析方法等进行了探索，主要工作如下：

（1）通过现场岩土工程勘察取样，开展土工室内试验，了解区域性软土的特性，获取丰富的数据资料；采用所研发的专利仪器，开展堆载和真空两种不同加载方式下的土体固结对比试验，着重研究真空作用下的软土渗透试验。结果表明，真空作用下土样的含水率和孔隙比相较堆载作用下的更小，真空作用下这两个指标优于堆载作用；真空初始阶段，渗透系数先出现波动，之后渗透系数逐渐下降，最终趋于平稳。试验表明，两种加载方式下土样固结效果基本一致。

（2）通过现场监测试验，获得真空堆载联合预压作用下，地基沉降速率、沉降、侧向位移及孔隙水压力等重要参数的时空分布规律，结合水文地质、工程地质条件及工况分析各重要参数的变化规律；分析真空预压法和堆载预压法加固软土地基的机理，认为两者均是产生压差，使土中孔隙水排出，孔压降低，有效应力增大，土体固结。

（3）采用基于比奥固结理论的有限单元法，进行现场宏观情况数值模拟分析，结果显示：①数值计算中不能将真空作用等效为堆载作用；②在沉降计算时，可将竖向排水通道视为渗透性很强的介质，而在进行坡脚处水平位移计算时，宜将其视为负压边界；③数值计算中竖向排水通道负压分布模式的界定很重要。

（4）将单砂井地基上、下边界假定为符合实际施工和地质条件的半透水边界，根据轴对称单砂井地基固结方程和等应变假定，利用经典解析理论，考虑真空堆载联合预压法中真空荷载与堆载的加载次序，合理界定初值条件，推导符合工程实际的真空堆载联合预压单砂井地基孔隙水压力解析解，并确立计算方式。在此基础上，引入工程实例，将塑料排水板地基转化为砂井地基，分析地基土体孔隙水压力时间空间分布规律，得到如下结论：①每一阶段荷载作用下孔隙水压力计算，应计入前一阶段荷载结束时土层底部的孔隙水压力值；②在真空堆载联合预压阶段的孔隙水压力计算中，应将一次性瞬时堆载优化为分级堆载，分级荷载越小，计算值与实测值越吻合；③真空堆载联合预压阶段，各分级堆载的施加将打破前一级荷载形成的土中水稳定渗流平衡，使得不同深度处孔压重分布，孔压消散更快，土层加固效果更明显；④无论如何堆载，真空堆载联合预压土体的最终孔隙水压力值为负值，并低于单纯真空预压所形成的负压场的孔隙水压力值。

（5）将塑料排水板地基转化为砂井地基，考虑砂井涂抹效应，结合真空和堆载实际施加次序，合理界定初始和边界条件，采用三维流固耦合差分法计算软件，建立真空堆载联合预压法沿深度方向的大尺寸单砂井固结模型，分析计算软基固结过程，得到如下结论：①三维流固耦合固结模型可用于真空堆载联合预压数值分析，数值分析中可模拟荷载施加的实际次序，计算结果理应比解析法更为精确；砂井可作为荷载边界条件，真空荷载可通过调节模型顶部节点及砂井节点孔压实现；初始应力的精确计算非常重要。②单独真空预压阶段，沉降、孔压在水平面上分布均匀，表层沉降最大计算值为 90.92 cm；真空堆载联合预压阶段，沉降、孔压在水平面出现的“锅底形”现象随堆载的增加逐渐明显，表层沉降最大计算值为 153.56 cm。真空和堆载作用下软基固结性状不同，但加固效果能叠加。③数值计算中每一级堆载施加瞬间，孔压、沉降均有较大波动，而实际施工因填土均匀且间隔时间短，孔压、沉降波动不大。数值计算中正负压叠加调整后，软基孔压、沉降随时间的变化与实测值基本一致。④沉降和孔压计算结果表明，抽真空影响深度至少可以达到16 m。

（6）在排水体负压分布不同而其他条件相同的情况下，采用有限差分法软件建立凹形抛物线、凸形抛物线、直线形及均分布四种工况下土体固结模型，分析计算软基土体固结过程，结果表明：①软基各分层沉降在0～30 d发展迅速，30 d之后沉降发展明显变缓，最终趋于稳定。22 m深度处沉降-时间曲线基本水平，在22 m深度处几乎没有真空作用。②真空预压0～5 d，四种工况下沉降计算曲线与实测值曲线高度吻合。5～30 d，四条计算曲线与实测值有较大差距。30 d之后，凹形抛物线分布、直线形分布工况下沉降计算曲线与实测值曲线吻合度非常高，差值分别为0.724～2.4 cm、0.01～1.65 cm；而凸形抛物线和均分布下的沉降计算值与实测值的差距与30 d左右的差距基本一致。③凹形抛物线、直线形负压模式下的沉降计算结果明显优于凸形抛物线和均匀分布负压模式。④真空预压0～20 d，18 m深度范围内孔隙水压力下降最为明显；20～30 d，孔隙水压力下降速率明显减小，然后逐渐趋于稳定；30 d之后，各深度处孔隙水压力基本不变，维持恒定值。⑤16 m左右为凹形抛物线、直线形分布真空预压影响深度，即真空预压影响深度为16 m左右，将排水体负压分布设置为凹形抛物线或者直线形分布较合理，可以为真空预压数值分析提供参考。

对于本书的顺利出版，感谢“公路工程自然灾害风险普查大数据智慧应用”湖南省重点实验室、装配式支挡结构智能建造湖南省工程研究中心、中铁第四勘测设计院在课题研究过程中所给予的大力支持；感谢中南大学王星华教授和王曰国教授的悉心指导。

限于作者的水平，本书难免存在疏漏之处，恳请读者批评指正。

著　者

2023年10月

目　　录

第1章　绪　　论

1.1　真空堆载联合预压法的发展与应用

真空预压法属于排水固结法中的一种，于1952年由瑞典皇家科学院地质学院杰尔曼教授(Kjellman W)[1]提出，后来不少国家进行了探索和研究，但由于难以找到合适的抽真空装置，密封问题不好解决，不易获得和保持所需的真空度，加之相关机理研究进展缓慢，故难以大规模应用于实际工程。

该法最早于1958年用于美国费城国际机场跑道扩建工程中，该工程修建于淤填的沼泽边缘地带，表层为5～10 ft① 厚的疏通河道时吹填的黏土和淤泥，下层为15～20 ft厚的黏质粉土和粉质黏土，中间夹有薄的细砂透镜体，加固面积为2500×600 ft^2，共打设595口直径12 in② 的砂井和15口直径为30 in的深水井，深度为70 ft，采用深井降水和砂井联合作用，抽真空40天，其中抽真空18 d真空度达到381 mm Hg高，相当于50 kPa等效荷载[2]。日本东北地区新干线坐落在厚12～13 m的泥炭土和混有有机物的淤泥土上，打设间距为80 cm的纸板，采用尼龙焦油防水布作为覆盖薄膜，在薄膜边缘的沟槽中打设钢板桩并注入14%的膨润土溶液，使表层真空度达到494 mm Hg高，但这种措施费用很高。日本中部武丰火力发电站的试验工程，面积1200 m^2，插设纸带，用橡胶膜覆盖，用2台11 kW的真空泵连续抽气能勉强保持400 mm Hg真空度[3]。此外，芬兰、法国、瑞典都曾有过用真空预压法处理软土的相关研究[4]。

我国研究真空预压法加固软基较早。王星华对淤泥地基采用真空预压法加固的野外试验进行了总结，并探讨了该工法下淤泥土体的固结机理[5]。

---

① 1 ft约为0.3048 m。

② 1 in约为0.0254 m。

根据我国港口发展规划，沿海的大量软基必须在非常短的时间内得到加固，为此我国从 1980 年起，开展了真空预压法的研究，从改进工艺、更新设备、弄清机理、提高加固效果和推广使用等方面进行了探索。为了满足某些使用荷载大、承载力要求高的建筑物的需要，1983 年我国研究人员开展了真空堆载联合预压法的研究，研发了一套先进的工艺和优良的设备，并从理论和实践方面论证了真空和堆载的加固效果是可以叠加的，已经在 50 多万 m^2 软基上应用，取得了令人满意的效果。真空预压法在澳门国际机场、天津港南港工业区、天津临港产业区、黄骅港、连云港、盐城响水港区等全国各地重点重大工程中，发挥了不可替代的作用。

堆载预压法也属于排水固结法中的一种，最早用于处理美国加利福尼亚州的海湾公路，该公路有约 2 mi① 长的一段通过沼泽地，每当高潮时，公路的下部就会淹没和浸泡在水中，使面层粗糙和恶化，维护费用很高。1934 年 11 月和 12 月，研究人员在该路段选取了三个试验断面，打设了直径 28 in、平均深度42 in、间距 10～12 in 的砂井。实测结果表明，打设砂井后孔隙水压力减小，路段的稳定性增加，防止了土体的侧向变形，消除了面层的不均匀沉降，保证了公路的顺利修建。

1953 年我国首次将砂井堆载预压法用于加固船台地基，该法于 1959 年应用于宁波铁路路堤试验段和舟山、宁波冷库工程，然后推广到了水工建筑、工业与民用建筑、铁路路基、港湾工程与油罐软基工程中，都获得了很好的效果。这种方法适用于淤泥质土、淤泥、素填土、杂填土、粉土和冲填土等软基。当软基较厚时，必须在软基中打设垂直排水通道(砂井、塑料排水带)。根据土质情况，它可以分为单级加荷和多级加荷两种；根据堆载材料，它又可以分为自重预压、加荷预压和加水预压三种[6]。

虽然经过国内外众多学者及工程师们的努力，真空预压加固软基方法在机制研究、工艺方法、设计方面获得了很多进展，但理论研究仍然比较滞后，阻碍了该工法的进一步发展及应用，这已引起工程界和学术界的高度关注。

---

① 1 mi 约为 3218.6880 m。

1.2　真空堆载联合预压研究体系

众多学者和工程师致力于研究真空堆载联合预压加固软基固结机理，试图建立理论体系，他们将探索的理论应用于工程实践，从实践反馈中寻求真理，这体现在研发真空堆载联合预压加固软基工法、发展完善真空堆载联合预压加固软基技术、不断应用真空堆载联合预压法等各个方面。

为了解真空预压法加固软土地基最终效果（稳定渗流问题），众多学者进行了如下研究：真空预压法加固软基一维问题最终效果图（瑞典 Kjellman W，1952），采用流网求解真空预压法加固软基二维问题（美国 Velent P J，1973），运用拉普拉斯方程求解真空预压法加固软基二维问题（苏联 Fer-Mertirosyan，1983），采用有限元方法求解真空预压法加固软基三维问题（日本小林正树，1984）。

我国最初将膜内外气压差作为等效荷载作用在地基土上，认为膜内外所产生的负气压差即为地基土上的“真空”荷载，并产生等向应力使土体固结。

真空预压作用下的土体固结问题一直是关注的焦点。交通部第一航务工程局、天津大学、南京水利科学院土工所等单位自20世纪80年代初以来，针对该工法下土体固结机理开展了大量研究。研究学者有陈环、鲍秀清、高志义、杨国强、钱家欢、赵维炳等，主要研究成果为真空预压作用下的土体负压固结理论，认为在真空预压工法下，负压是地基土固结的根源，土体固结问题若是边界条件没有改变，则与堆载预压固结问题没有区别。因此，负压下软土体固结可以沿用原有固结理论的所有方程。

高志义[7]于1989年提出“绝对孔隙水压力零点理论”，认为在基本不改变总应力的情况下，最大限度地降低边界上的孔隙水压力（一般方法可将孔隙水压力最大降至相对压力零点，真空预压法因密封膜可使孔隙水压力最大降至绝对压力零点），会导致孔隙水压力分布不平衡，土体自重有效应力使土体得以加固。

龚晓南、岑仰润[8]及朱建才[9]在以往的研究基础上进行分析总结，认为真空预压与堆载预压均有两个基本问题：软基土体固结最终效果问题，预压期间各种参数（变形、孔压、强度等）随时间的变化情况问题。附加应力场决定堆载预压作用下软基土体固结的最终效果，可以用弹性力学方法计算附加应力场，使用太沙基一维固结理论及比奥三维固结理论可以分析参数随时间的变化规律。但是，对于真空预压，却无法沿用堆载预压的思路将两个基本问题分开考虑，虽然很多学者分别就这两个问题开展了大量研究，解决了部分问题，但是始终无法完全解决所有问题。单独从一个问题角度研究真空预压法加固软基无法完整揭示软土固结机理，必须将两个问题结合起来考虑才能阐述该法的软土固结机理，才能建立起相对应的理论体系。之后，才可以解决真空预压法加固软基的影响深度、有效深度、影响范围等其他问题。

李青松、吴爱祥、姚振巩等[10]于 2004 年提出“真空渗流场作用下的渗透固结”理论，该理论认为“真空渗流场”主要是由所有在单个竖向排水通道周围形成的凸面向下的降落漏斗形成的，场中土体发生“渗透固结”是该方法使软基土体固结的实质，该法的有效加固范围是降落漏斗所发展的区域；而渗透固结区域对其下土体将产生堆载预压的作用，该法的影响范围可不小于竖向排水通道所打设的深度。

邱青长、莫海鸿、董志良[11]于 2007 年引入上升单相流与两相流压降理论，解释了真空预压地基压力场导致排水固结的机理。

1.3 真空堆载联合预压法研究现状

(1) 室内试验方面

高志义、张美燕、刘立钰等[12]进行了真空预压加固的离心模型试验，认为离心模型试验能够较真实地模拟出原型的应力、应变关系，数据可靠性强。张力霆、李少华[13]对不同配合比的粉煤灰土进行了真空预压模型试验，探讨了粉煤灰含量以及真空作用面对效果的影响。张诚厚、王伯衍、曹永琅[14]开展了真空预压室内模型试验，试验表明真空作用面移向底部后，会取得较好的加固效果；真空排水管间距对加固效果会有明显的影响。张力霆、卢勇正、李树国[15]通过试验研究发现在试样底部抽真空比在试样顶部抽真空具有更好的加固效果；在吹填土工程中采用这种措施效果更佳。王永强[16]开展了真空预压作用下地基土静载试验，结果表明加固后地基承载力远大于膜下真空度值。高志义、张美燕、张健[17]开展了真空预压联合电渗法模型试验，发现真空联合电渗法由于电渗排水、电解耗水，使沉降量增大约30%，又因电蚀现象、电泳现象及铁与水电化学反应诸原因，使土体强度增加2～5倍，加固效果十分明显。严蕴、房震、花剑岗[18]通过室内试验比较了真空堆载联合预压法插板前、后及处理后的土性参数变化情况。Mahfouz A H、Liu H L、Zhao Z H等[19]研制了一套仪器能够在固结的同时监控超孔隙水压力、轴向应变和体积应变，并对温州原状黏土进行固结试验，指出真空预压、堆载预压和真空堆载联合预压的固结特性没有明显的差异。Indraratna B、Redana I W[20]用大型固结仪研究了打入排水板对周围土体的影响，并将结果引入有限元计算中得到了比较令人满意的结果。吴桂芬、高玉峰、魏代现等[21]通过室内模型试验，对真空和堆载两种预压法处理后的土体在物理力学指标、变形和排水量等方面进行了比较分析。房营光、徐敏、朱忠伟[22]进行了碱渣土的真空预压排水法和真空-电渗联合法排水固结的对比试验，结果表明真空-电渗联合法的排水效果比真空预压法的更加显著。邱青长、莫海鸿、董志良等[23]设计了一套室内研究真空吸力作用下，流体流型及压降规律的实验装置。董志良、李婉、张功新[24]进行了真空预压法加固潮间带软土地基的试验研究，证明真空预压法对潮间带同样适用。秦焱、王清、侯红英[25]借助X射线、扫描电镜及计算机图像处理等技术，对海积软土真空预压加固前后的结构特征进行了定量分析，并结合室内试验，对比研究了土体微观结构和工程性质的变化。艾英钵、蔡南树、柯朝辉[26]进行了真空预压对周围土体变形影响及减小其影响的防护措施的现场试验研究。周波、张可能、杨庆光等[27]对南沙深厚软土真空预压法的现场试验进行了研究。邱青长、罗彦[28]对南沙港区软土固结孔压特性进行了试验研究。胡珩、王保田[29]针对真空作用面位置对加固效果的影响进行了试验研究，试验结果表明，下位抽真空的加固效果优于上位抽真空的加固效果。朱群峰、高长胜、占鑫杰等[30]采用室内真空预压、堆载预压模型试验及直接充灌淤泥等方法制作板土单元体试样，并开展板土单元体试样通水能力测试，发现堆载作用下的高性能排水板的通水能力与真空作用下的高性能排水板的通水能力接近，而堆载作用下的普通排水板通水能力明显高于真空作用下的普通排水板通水能力。曾芳金、石常鑫、符洪涛等[31]采用5 kPa/d匀速堆载的方式进行真空堆载联合预压室内模型试验，并设立真空预压对比组，发现匀速堆载时土体真空度、孔压和沉降有显著变化，但随着时间的推移，变化减小；这种加载方式的加固效果优于真空预压。刘春原、朱楠、赵献辉等[32]根据工程实际情况建立了离心模型，针对真空堆载联合预压法加固湖泊相软基开展离心机试验，发现土体在施工期间的沉降占总沉降的87%以上；软基工后沉降发展缓慢，两年内工后沉降最大为2.5 cm，路堤断面差异沉降不超过5 mm。

(2) 现场监测分析方面

娄炎[33]据孔压、真空度等实测资料，阐述了负压下软土孔压形成、负压与地基中真空度的关系、负压下曼德尔效应、负压与土体加固特征、负压对土体变形的影响等问题。孔德金、郭述军[34]分析了真空预压过程中影响土体孔压测试的因素，认为合理的理论沉降过程线与实测沉降过程线不相交且它们有相同的 S_{∞}，沉降推算的指数曲线法给出的固结度偏高。聂跃高、赵维炳、施建勇等[35]分析了砂垫层、袋装砂井深度、滤管形式及路堤填筑等因素对膜下真空度的影响。程琪、王卫东[36]介绍了真空预压法加固软土地基在连云港地区的试验，经加固期间的监测和加固后检验发现，被加固土体的物理力学指标均有明显的改善。岑仰润[37]提出了由孔压实测资料推算负压渗流场分布的方法。朱平、闫澍旺、刘润等[38]对天津港地区真空预压法加固某路堤软基的工程进行了监测分析，发现真空预压法加固软黏土地基的加固时间相对较短，施工成本低。夏玉斌、王剑平、唐元松[39]对椒江污水真空预压软基处理工程的效果进行了综合分析，认为真空预压因其作用机理与堆载预压不同，其对深层软土的加固效果更佳，真空预压效果与单位面积真空作用功率有关。孙治林、牛恩宗[40]介绍了黄骅港堆场软基真空预压效果及监测方案。金志宝、朱建才[41]根据浃里陈大桥桥头试验段的地表沉降与分层沉降的现场监测，发现真空堆载联合预压法能大幅度减少工后沉降量，达到防止“桥头跳车”现象的作用。艾凯、徐兵、张计等[42]应用真空预压法对某泵站进水渠在施工期滑坡的地基进行加固和监测，得到预压区内土体的沉降变化及深层水平位移的变化规律；依据实测沉降过程线计算出预压60 d后的渠堤土体固结度，结果表明真空预压加固效果明显。张功新、莫海鸿、董志良[43]针对目前几种常用的孔压计封孔方法存在的问题，提出一种新的孔压计封孔技术，并在广州南沙真空预压加固软基工程中进行了对比试验，试验结果表明采用新的封孔装置可有效防止孔压计上下连通，不同深度的孔压差变化呈现明显的差异性，测试结果较为准确。韩雪峰、邝国麟、谭国焕等[44]在水下真空预压现场试验中，将孔隙水压力作为主要研究对象进行了监测并分析，结果显示孔隙水压力的变化受膜上水压和膜下负压的影响，水下真空预压期间土体中各点应力的改变等于加固前孔压与加固过程中孔压之差，膜上水压可以作为预压荷载。

(3) 解析解研究方面

董志良[45]推导了真空堆载联合预压砂井地基的固结解析解。董志良[46]在正负压砂井地基固结解析理论的基础上，导出了排水板渗流量、加固区竖向固结渗流量及加固区内外进出渗流量的计算公式。徐泽中、刘世同、柴玉卿[47]从Barron的砂井地基等应变固结解析解出发，建立了真空堆载联合预压的渗流模型，并给出了解答。朱斌、陈若曦、陈云敏等[48]建立了分层真空预压多层软土地基的一维大变形固结分析模型，并利用差分法进行了数值求解。鲍树峰、周琦、陈平山等[49]假设负超孔压以砂井为圆心径向分布不均匀，推导了真空预压砂井地基土体的Hansbo固结解析解。周琦、张功新、王友元等[50]在假设砂井下端透水边界孔压随时间增加的条件下，推导了真空预压砂井地基土体的Hansbo固结解析解。胡亚元[51]假定砂井地基上、下端边界为半透水边界，研究了上端垫层和下端下卧层透水性质对地基的固结影响。赵辉、李粮纲[52]结合软土地基处理工程实例，采用三维固结理论，根据实测孔压值预测了软土地基固结度。雷鸣等[53]分析淤泥及淤泥质土地基在真空堆载联合预压工法下的固结主导因素，总结土体固结机理，计算结果表明[54-55]，不同特性土层孔压沿深度的变化不同，固结特征不同。

(4) 数值计算分析方面

Cheung Y K、Lee P K、Xie K H[56]对砂井地基的二维和三维土体等效固结问题进行了研究。Indraratna B、Redana I W[57-59]依据单井和砂墙在同深度、同时刻的平均固结度相等的原则，提出了单井向砂墙转换的方法，考虑了堆载下的井阻、涂抹作用，但是其仅考虑了垂直向等应变情况。Hird C C、Pyrah I C、Russell D等[60-61]假定水平固结度相等给出了类似的转换方法，但只考虑了井阻影响，而没有考虑涂抹作用、侧向变形和竖向渗流。Sanchez J M、Sagaseta C[62]根据水平固结度相等的假定也给出了类似的转换方法，但该方法使用不方便，且没考虑固结度随时间、深度的变化，结果不够准确。相比之下，曾国熙等[63-65]提出的公式考虑得就更全面些。Chai J C、Miura N等[66-68]提出了一种将砂井地基转换为均质地基的方法，并将其推广至多层地基。随后，Bergado D T、Asakami H、Alfaro M C等[69-71]用该方法对泰国曼谷机场堆载预压处理及真空堆载联合预压处理地基工程进行了分析计算，取得成功。Kim Y T、Lee S R[72]在进行等效转换时只考虑固结度为60%、90%的情况，并考虑了砂井转换为砂墙后的强度等效折减。Amir M A、Herrmann L R[73]研究了砂井地基转换为一维均质地基的方法，指出砂井的作用就是改善渗流能力，根据此观点调整了渗透系数并给出了修正方法。林丰、陈环[74]用边界元分析真空和堆载作用下砂井地基的固结过程，结果表明数值解与实测值及有限元计算结果基本吻合，并具有较高的精度。沈珠江、陆舜英[75]在比奥固结理论的基础上，采用不同本构模型分析了一个50 m×60 m 的试验场地的软土层在真空作用下的固结变形过程，建议一般工程问题只用弹性模式计算。陈析、周卫、洪宝宁[76]用有限元法分析了真空堆载联合预压加固软基过程，得到采用黏弹-塑性损伤模型处理真空堆载联合预压加固软基问题与实际情况最为接近，其累计沉降误差为9.2%、最大水平位移误差为7.4%。周顺华、王炳龙、李尧臣等[77]建立了能够计算竖向排水井不同真空度的分析模型。吴跃东、余湘娟、殷宗泽[78]采用平面应变有限元法进行分析，计算中考虑了土体的流变和施工扰动引起的损伤。陈远洪、洪宝宁、龚道勇[79]以平面比奥固结理论为基础，考虑流变作用，用黏弹塑模型，较系统地介绍了有限元处理真空预压作用下土体固结的数值方法。徐立新、陈云敏、吕庆雷等[80]提出了真空堆载联合预压法处理高速公路软基的三维比奥固结有限元计算模型。姜增国、刘伏成[81]采用简单方法推算了邓肯-张双曲线模型的8个参数，结合等效地基固结系数法，对真空预压处理某海洋温泉度假村软基工程试验区的沉降进行了比奥固结平面有限元分析。何良德、宋少华、熊国平等[82]导出了真空预压地基最终应力和位移的解析解，它们是根据非固结渗流问题的基本方程推导出来的。董志良、陈平山、莫海鸿等[83]按照固结度等效的原则，提出了将单井涂抹效应对涂抹区内土体渗透性的弱化作用转化为减小单井影响区内土体水平向渗透系数的方法。刘华、钱德玲、付聪[84]用ABAQUS软件对真空预压加固软基中的负压分布及竖向与水平位移的影响范围进行了有限元分析，能准确地反映出真空预压加固软基土体变形的实际情况。

(5) 地基强度方面

薛红波、娄炎[85]阐述了真空预压法下软基的强度增长机理和强度增长特性，竖向排水体为砂井，他们认为真空预压加固后地基表层因存在局部非饱和区及表层是三向固结状态，强度增长特别显著；加固区中心的强度增长较边缘处大，强度增长与加固区边界距离的关系基本成线性，直线斜率与固结度有关，固结度高，则直线斜率大；真空预压加固区的形状对强度增长有一定影响，形状系数大(或长宽比小)，强度增长大，反之则强度增长小。麦远俭[86]讨论了真空预压法中软黏土不排水剪切强度的增长规律，建议针对真空堆载联合预压加固，可把真空固结压力等效转换为上载压力与堆载叠加成总堆载固结压力，然后按堆载预压情况去推算不排水剪切强度的增长。Leong E C、Soemitro R A A、Rahardjo H[87]通过试验比较了堆载和真空预压加固土样剪切强度增长的变化。黄腾、张迎春、杨春林等[88]提出了计算真空作用下真空度衰减公式和土体抗剪强度增长公式。

(6) 影响区方面

范须顺[89]在一个真空预压项目中，以库萨金公式为基础，提出了估计影响范围的经验公式，适用于天津新港地区。于志强、李卫、喻志发[90]分析实测结果表明，在加固区外岸坡不稳定地区采用真空预压、真空堆载联合预压法可有效抑制周边岸坡侧向位移。彭劼、刘汉龙、陈永辉等[91]依据浙江杭金衢高速公路娄下陈段的真空堆载联合预压法工程的实测数据，分析得到真空堆载联合预压对周围环境有较大的影响，该工程影响范围在加固区外30 m。余湘娟、吴跃东、赵维炳[92]考虑了软土流变和土体损伤，采用平面应变有限元法分析了真空预压法对加固区边界的影响。陈远洪、洪宝宁、龚道勇[79]以平面比奥固结理论为基础，建立黏弹塑模型，考虑流变作用，用有限元法计算并分析了真空预压法对周围环境的影响。童中、汪建斌[93]分析了广肇高速公路某段软基采用真空堆载联合预压法加固过程中位移的监测情况，总结了淤泥层厚度与沉降的对应关系，认为淤泥层厚度对沉降的影响非常显著。王劲、陈晓平[94]研究了真空预压法对周边地基变形的影响，认为由于加固区边界无法做到完全封闭，随着加固区内真空度的增加和地下水位的下降，加固区外地下水位也会存在不同程度的下降，并导致土体在真空预压卸载后仍会继续发生固结和沉降。霍吉栋、朱平[95]观测了在真空预压加固过程中，不同深度、不同距离的土层在加固场地内产生的水平位移量，及水平位移随深度与时间的变化情况。

(7) 施工工艺方面

张诚厚、陈绪照[96]阐述了塑料排水板与真空降水组合的加固方法，开展了室内模型试验，模型试验结果与现场观测结果的变化规律完全一致，土体含水量可降低 20%～36.2%，抗剪强度提高 3～4 倍；该法对深层土体加固效果较好，对表层 2 m 以内的土体加固效果较小。朱建中[97]通过对连云港碱厂软基处理工程的分析，认为可以用塑料排水板代替原真空预压加固地基的滤水管，经济效果提升显著。付瑞清、郭述军、朱胜利等[98]系统地介绍了在抽真空装置、出膜装置、单膜沟和双膜沟处理方法等方面的改进情况，通过效果分析发现，改进施工技术后，膜下真空度上升速率高，膜下真空度达到了 93～95 kPa，比改进前提高了 10 kPa 以上；真空预压整个系统能量损失明显降低，总体效率显著提高。陈锦庆[99]在治理深圳河工程中，用真空预压联合砂井桩加固挡墙区软基，解决了在软弱地基上建造混凝土重力式挡墙的技术问题。顾培、赵亚南[100]研究开发的潮间带真空预压施工技术与工艺提高了抽真空的效能，满足了潮间带条件下进行真空预压加固软土地基的需要。林鹏、许镇鸿、苏锦文[101]阐述了真空降水联合堆载预压工艺处理方法，该方法克服了传统的预压处理方法的缺点，对提高软土的强度、降低压缩性、加快排水固结时间有着明显的效果。谢弘帅、宰金璋、刘庆华[102]认为真空井点降水堆载联合预压加固软土地基的加固机理是在真空、降水、堆载三种预压共同作用下，促使土中孔隙水流出，有效应力增加，加速土体固结。丁利、王立忠、陈云敏等[103]将砂墙地基视为单墙体，分别考虑矩形和三角形分布初始孔压形式所对应的固结度，求解初始孔压为梯形分布形式的固结度。王志辉[104]阐述了“高真空击密法”在厦门船运基地的成功应用，对该法施工参数及后评估进行了研究。罗戍、顾长存、马殿光[105]从加固机理、施工工艺和加固效果三个方面对比分析了低位真空预压法与常规真空预压法的异同点，认为低位真空预压法更适用于码头堆料场、滨海火电厂粉煤灰堆场等工程。陈顺益[106]介绍了厦门岛第三码头至同益码头段护岸工程基础软基处理工程，在潮间带采用水下真空堆载联合预压施工工艺。黄瑞、夏玉斌、黄旺祥[107]介绍了大铲湾港区一期试验区直排式真空预压法的实施过程。李军、胡继业、邓元广[108]介绍了广州港南沙护岸围堰及试挖工程北段软基处理工程中真空预压密封墙处理技术的应用情况。何开胜[109]针对堤坝滑坡提出并实施了真空预压治理方案，方案实施后进行效果检测，确定软土强度已超过稳定要求值，加固效果明显。何浩强、高海江[110]对有打穿下卧承压含水层及普遍存在夹砂层复杂条件下真空预压法施工的实践进行了探讨，并分别就各个工艺环节提出了一些有利建议。倪洪波、高晓俊、苏华银等[111]将软式透水管与薄层砂垫层相结合作为一种新型水平排水体，以膜上覆水作为堆载，加固处理后，各项指标能满足处理目标的要求，技术经济效果显著。丁剑鹏[112]探讨了聚氯乙烯(PVC)复合土工膜在真空预压加固区作为防渗材料的设计方案，结合珠海市西区海堤达标加固工程低位真空预压实例，计算分析了防渗系统的稳定性。刘寒鹏、孙锐、刘文东[113]结合实际工程，从沉降、孔隙水压力消散监测等方面，论证了膜上覆水真空预压技术对软土有较好的加固效果。高峰、闵佳华[114]介绍了东苕溪导流港东大堤加高加固工程中真空预压法的应用情况及实际效果。李军、杨福麟[115]针对真空预压施工中侧向密封系统密封性能差这一问题，提出采用单排黏土密封墙结合人工插膜的侧向密封技术，现场试验表明，该技术施工工艺简便、密封效果良好、施工成本较低，具有良好的应用价值。徐猛、黄家青、唐彤芝[116]将新型排水材料——软式透水管应用于真空预压加固高速公路深厚软基工程中，发现软式透水管可代替水平砂垫层，可节省工程投资约20元/m^2，且软式透水管具备良好的真空度传递能力。邱青长、莫海鸿、董志良等[117]基于南沙港区格栅水泥搅拌桩和砂桩联合防护真空预压影响区内高压电缆沟的工程实例，分析了该真空预压影响区的防护方案，研究影响区的表层位移、侧向位移和孔隙水压力变化规律，认为防护方案保护了高压电缆沟的安全，深层格栅水泥搅拌桩周围土体有渗流发生，土体中孔隙水压力降低使土中有效应力改变，周围土体发生变形。林正珍、邓昭林[118]介绍了厦门岛西岸线整治工程B标段173 m长岸线采用水下真空联合堆载预压处理软土地基的工程实例，通过监测及加固效果的分析，发现该法具有施工工期短、软基强度增长快、地基沉降量小且造价低的优点。蔡南树、柯朝晖、董志良等[119]结合广州港南沙港区二期工程软基处理工程实例，针对在局部有抛石地段的软土中采取真空预压方法加固时，传统的挖密封沟和施打淤泥搅拌墙技术存在相当大困难的情况，提出了在有抛石地段采取高压旋喷桩密封技术。孙田磊、杨福麟、陈伟明等[120]介绍了在广州中船龙穴造船基地某软基处理工程中采用的由挖掘机改装而成的新型黏土密封墙施工设备。

1.4 真空堆载联合预压法面临的问题

随着真空堆载联合预压法的大量应用，工程师们亟须解决以下几个问题：

(1) 需要统一真空堆载联合预压工法下软土地基固结机理，现阶段研究人员对各种机理见解各不相同，差异比较大。

(2) 需要确定真空预压加固软基的有效影响深度。从积累的资料来看，真空预压有效影响深度各不相同，这导致设计中竖向排水通道的长度无法确定。

(3) 需要厘清真空预压加固软基中地下水位下降机理及计算方法。现阶段地下水位下降深度无法确定，更无计算方法。

(4) 需要开发真空堆载联合预压加固软基的有效且实用的沉降计算方法。现阶段基本上都用“等效”荷载来替代真空作用，此方法的正确性有待进一步验证。

(5) 需要总结分析复杂地质条件下真空堆载联合预压处理软基后，加固土体各参数的变化规律。

(6) 现阶段真空堆载联合预压加固软基监测技术虽然有很大的发展，但是还不够成熟，所获得的监测数据离散性大、可靠性低。

(7) 现有真空堆载联合预压加固软基设计方法还不够成熟，需要改进和优化。

1.5　本书主要研究内容

针对上节所述的真空预压法面临的一些问题，本书将主要做以下几个方面的研究和探讨：

（1）试验研究：采用所发明的特定仪器设备对软基土样进行一系列室内真空固结以及对应的“等效”堆载试验，将试验结果进行对比，分析堆载作用下和真空作用下土样的固结机理；着重研究真空作用下土体渗透系数的变化规律；探索并设计真空预压法加固高速铁路软基的现场试验方案，搜集、整理并分析现场试验资料，以期对真空预压法的设计和施工起到指导作用。

（2）真空堆载联合预压加固软基沉降计算与稳定分析：总结真空堆载联合预压加固软基沉降预测和稳定分析方法，提出真空堆载联合预压加固软基沉降预测、稳定计算的简化模型，并提出简单实用的计算方法。

（3）数值分析研究：通过分析总结软基土体渗流和固结的基本计算方程，对如何选用正确的模型，如何确定各种工程实际情况的初始条件和边界条件，准确有效地采用有限元法分析真空堆载联合预压加固高速铁路软基固结进行研究，提出一套实用的有限元法分析真空堆载联合预压加固软基的计算模式。

针对真空堆载联合预压法加固高铁软基工程，运用相应软件开展土体固结数值模拟计算，将计算结果与试验结果进行对比分析，以期获得合理的计算模式和方法，供同类工程借鉴。

第 2 章　真空堆载联合预压室内试验研究

2.1　引言

在堆载作用下，软土地基将发生固结现象，土体体积逐渐减小，强度逐渐增加。在边界基本密封的条件下，抽真空也会使土体中孔隙水及孔隙气体排出，导致土体体积逐渐减小，有效应力逐渐增大，这也是一种固结现象。为了研究软基土体真空固结基本性状和真空荷载作用下软土渗透系数的变化规律，本章在高速铁路试验段的软土中取样，采用本课题组发明的专利设备进行室内真空固结和“等效”堆载固结试验。

2.2　室内真空模型试验研究

2.2.1　装置介绍

试验装置为渗透系数测定仪，如图 2-1 所示。此装置在 2008 年 11 月 26 日被授权发明专利(专利号:200510031317)，发明人为王星华、王曰国、黄勤灿、雷鸣等。此装置可进行真空和堆载预压模型试验。

真空泵型号为旋片式 2XZ-Y 型，抽气量为 4 L/s，由其向真空压力罐提供真空压力。试验过程中所加真空压力为 80 kPa。“等效”堆载固结试验的荷载与真空压力相等，也为 80 kPa，直接加在活塞之上。真空压力罐是一稳定的负压源，能为真空负压渗透系数测定仪、真空预压加固软基机理分析模型提供稳定的、大小可调的真空压力。真空负压渗透系数测定仪主要是由位移测量装置、位移控制装置、渗水量测量装置、活塞、真空腔、土样室和底座等部件组成，如图 2-2 所示，通过位移控制和位移测量，能够测定土样的变形并保持相对稳定，通过渗水量测量可测定流过土样的渗水量。

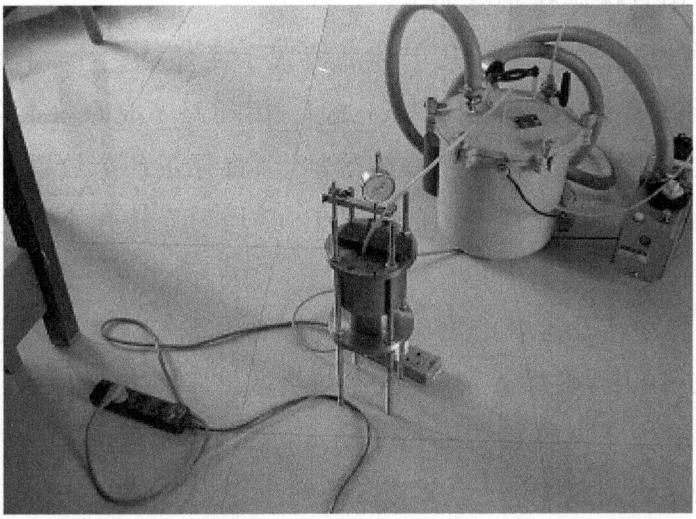

图 2-1　渗透系数测定仪

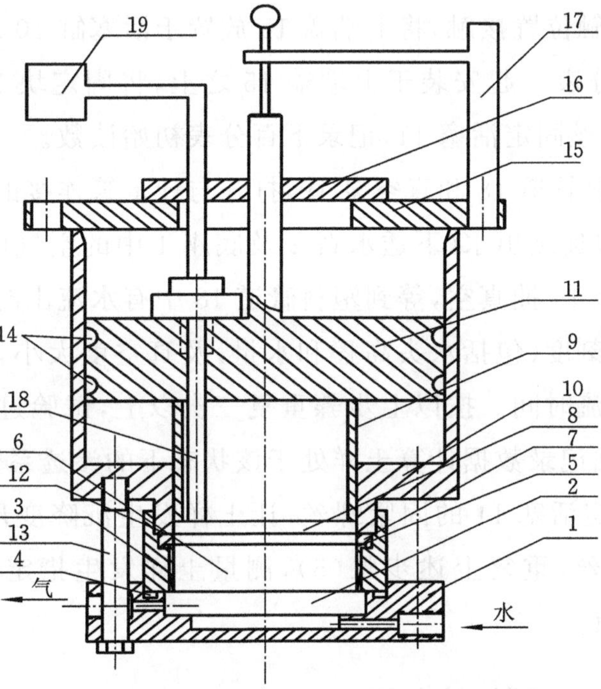

图 2-2　真空负压渗透系数测定仪结构图

1—底座；2—下透水石；3—护套；4—密封垫；5—环刀；6—土样；7—导正环；8—上透水石；9—导正垫环；10—活塞缸；11—活塞；12—密封垫；13—螺栓；14—密封圈；15—上端盖；16—固定块；17—百分表固定支架；18—塑料管道；19—真空泵

试验过程中具体操作步骤如下：

(1) 将密封垫 4 均匀涂抹凡士林后放置于底座 1 之上，于底座中央放置下透水石 2，将护套 3 搁置于密封垫 4 之上，用环刀 5 取原状土样 6，土样两端贴上滤纸后放置于护套 3 内部第一级阶梯上，将导正环 7 放置于环刀 5 上面，再将透水石 8 放置于导正环 7 内的土样上，将均匀涂抹凡士林的密封垫 12 放置于导正环 7 上。

(2) 将均匀涂抹凡士林的密封圈 14 套于活塞 11 的密封槽上，再将活塞 11 推入活塞缸 10 中，确保活塞 11 底面与活塞缸 10 底部留有足够的距离。

(3) 将导正垫环 9 放置于上透水石 8 之上，然后将活塞 11 及活塞缸 10 整体放置于垫了密封垫 12 的护套 3 内的导正环 7 上，最后用螺栓 13 将底座 1 与活塞缸 10 连接，扭紧密封。

(4) 用手轻压活塞 11，推动活塞 11 与导正垫环 9、导正垫环 9 与上透水石 8 及仪器各接触位置接触，将上端盖 15 放置于活塞缸 10 之上，将百分表固定支架 17 及百分表一起安装于上端盖 15 之上，将固定块 16 安装于上端盖 15 之上并拧紧螺丝固定活塞 11，记录下百分表初始读数。

(5) 连接塑料管道 18 和真空泵 19，打开与计量管连接的进水阀门和排气阀门，等到排气口连续出水(下透水石 2 及底座 1 中的空气已排尽)后关闭排气阀，打开真空泵 19 抽真空，等到塑料管道 18 中有水流出时，找一秒表计时，同时记录计量管刻度(包括水头高程和水量)及真空度大小，待水头下降至某一刻度后记下渗流时间。按以上步骤重复三次以上，试验过程中应尽量保持真空度稳定，根据记录数据计算土样处于该状态下的渗透系数。

(6) 松开固定活塞 11 的固紧螺丝，让土样发生沉降变形，达到指定沉降位置后又扭紧螺丝，重复上述步骤(5)，测量土样发生指定沉降后的渗透系数，直至测试结束。

2.2.2 渗透系数测定原理

土中水为层流状态时，其渗流规律服从达西定律 $v=ki$，渗流速度 v 与水力坡度 i 成正比，k 为渗透系数，k 的单位与速度单位一致。因土中孔隙通道分布复杂、不规则，故采用单位时间流过单位截面积的水量代表平均意义的渗流速度，则：

$$q = vA = kiA \tag{2-1}$$

如图 2-3 所示，土样高度为 L，水平截面积为 A，在初始水头差作用下，水经水位管从下至上流过土样。试验中，保持试样以上水位及真空压力 p_v 不变；水位管水位逐渐下降，总水头差从 $\Delta h_0 + p_v$ 逐渐减小。记录初始时刻 t_0 和初始时刻总水头差 $\Delta h_0 + p_v$，经过一段时间后，记录 t_1 时刻及 t_1 时刻总水头差 $\Delta h_1 + p_v$，记录下试验时的水温 T。

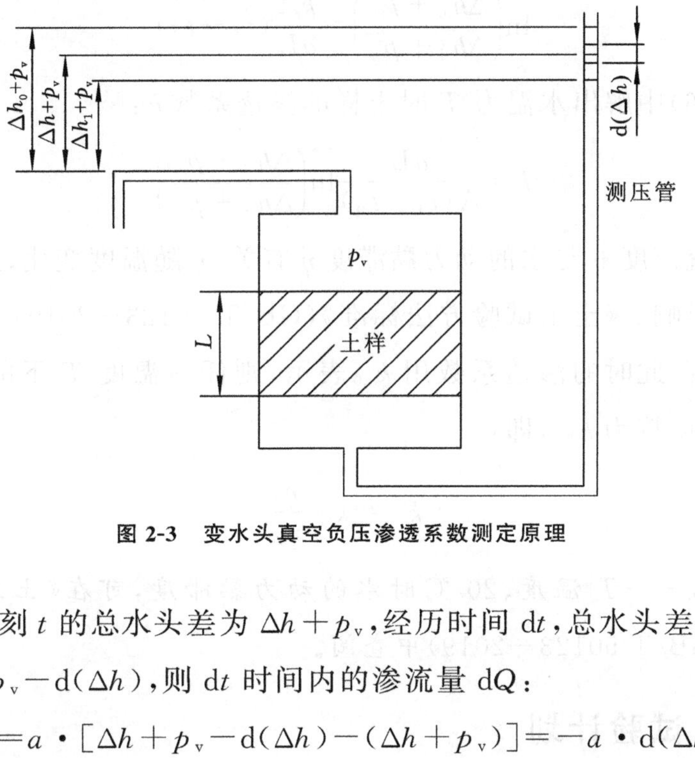

图 2-3　变水头真空负压渗透系数测定原理

设任意时刻 t 的总水头差为 $\Delta h + p_v$，经历时间 dt，总水头差将从 $\Delta h + p_v$ 减小至 $\Delta h + p_v - d(\Delta h)$，则 dt 时间内的渗流量 dQ：

$$dQ = a \cdot [\Delta h + p_v - d(\Delta h) - (\Delta h + p_v)] = -a \cdot d(\Delta h) \tag{2-2}$$

式中　a——水位管截面积。

根据水力学连续方程和能量方程可知，dQ 为 dt 时间段内流过土样水平截面积的水量，因此，t 时刻的 q：

$$q = \frac{dQ}{dt} = -a\frac{d(\Delta h)}{dt} \tag{2-3}$$

根据式(2-1)，得：

$$-a\frac{d(\Delta h)}{dt} = kAi = kA\frac{\Delta h + p_v}{L} \tag{2-4}$$

其中，$i=\dfrac{\Delta h+p_{\mathrm{v}}}{L}$。

整理式(2-4)，运用分离变量法积分，得：

$$-\frac{\mathrm{d}(\Delta h+p_{\mathrm{v}})}{\Delta h+p_{\mathrm{v}}}=\frac{kA}{aL}\mathrm{d}t \tag{2-5}$$

等式两边分别积分，左边积分区间为$[\Delta h_0+p_{\mathrm{v}},\Delta h_1+p_{\mathrm{v}}]$，右边积分区间为$[t_0,t_1]$，得：

$$\ln\left(\frac{\Delta h_0+p_{\mathrm{v}}}{\Delta h_1+p_{\mathrm{v}}}\right)=\frac{kA}{aL}(t_1-t_0) \tag{2-6}$$

从式(2-6)中解出水温为 T 时土样的渗透系数 k：

$$k=\frac{aL}{A(t_1-t_0)}\ln\left(\frac{\Delta h_0+p_{\mathrm{v}}}{\Delta h_1+p_{\mathrm{v}}}\right) \tag{2-7}$$

水的渗流速度 v 与水的动力黏滞度 η 有关，η 随温度变化，所以渗透系数受到温度的影响。《土工试验方法标准》(GB/T 50123—2019)规定，以 20 ℃作为标准温度，此时的渗透系数用 k_{20} 表示，则任一温度 T 下的渗透系数 k_{T} 可按式(2-8)换算为 k_{20}，即：

$$k_{20}=k_{\mathrm{T}}\frac{\eta_{\mathrm{T}}}{\eta_{20}} \tag{2-8}$$

式中　η_{T}、η_{20}——T 温度、20 ℃时水的动力黏滞度，可在《土工试验方法标准》(GB/T 50123—2019)中查阅。

2.2.3　试验计划

计划对高速铁路软基不同断面、不同深度处的软土进行真空预压和堆载固结试验，包括以下试验项目：

(1) 对比固结试验：分别采用真空作用和堆载作用(荷载效果相同)方式对软黏土开展固结试验，研究两种加载方式下软土固结机理和真空作用下土体渗透系数的变化规律。

(2) 软土物理力学指标对比分析：比较两种加载方式下软土加载前后主要物理力学性质指标的变化规律，分析固结效果。

(3) 软土变形量对比分析：比较两种加载方式下软土的压缩变形量变化规律，分析固结效果。

(4) 软土固结系数对比分析：比较两种加载方式下软土的固结系数变化规律，分析固结效果。

(5) 软土回弹变形对比分析：比较两种加载方式下软土的回弹变形规律。

2.2.4　试验段软黏土基本物理性质指标

试验所用土样全部来自工程现场，可认为土样为原状土。试样是按土工试验的常规方法制作而成，如图 2-4 所示。首先在实验室对所取土样进行常规的物理力学性质试验，开展了 6 次平行试验，试验结果详见表 2-1。后续分析均取表格中的平均值。

图 2-4　试验的土样

表 2-1　试验段用土基本性质指标

统计	比重 d_s	容重 γ /(kN/m³)	含水量 w /%	孔隙比 e	饱和度 S_r/%	液限 w_L/%	塑限 w_P/%	塑性指数 I_L
最小值	2.71	17.5	44.8	1.24	97.9	32.6	17.6	17.8
最大值	2.74	18.2	45.1	1.18	100	38.4	24.6	13.8
平均值	2.72	17.8	45.0	1.22	100	36.0	20.0	16.0

2.2.5 室内试验结果分析

真空固结试验时,真空泵的压力控制为 80 kPa,堆载固结试验的压力也同样保证为 80 kPa。试验过程中加载至土样基本不发生变形,才终止试验。不同加载方式下模型试验土体物理力学性质指标的变化详见表 2-2。

表 2-2 不同加载方式下模型试验土体物理性质指标的变化比较

加载方式	试验编号	容重 γ/(kN/m³)		含水量 w/%		孔隙比 e		饱和度 S_r/%	
		试验前	试验后	试验前	试验后	试验前	试验后	试验前	试验后
堆载	D1	17.9	19.4	45.00	34.68	1.20	0.89	100	100
	D2	18.2	19.6	45.00	33.22	1.17	0.85	100	100
	D3	17.5	19.0	45.00	33.35	1.25	0.91	97	99.8
	D4	17.6	19.1	45.00	35.96	1.24	0.94	98	100
	D5	17.7	19.3	45.00	34.80	1.23	0.90	99	100
	D6	17.8	18.9	45.00	33.78	1.22	0.93	100	100
	平均值	17.8	19.2	45.00	34.30	1.22	0.90	100	100
真空	Z1	17.9	19.3	45.00	32.92	1.20	0.87	100	100
	Z2	18.2	19.5	45.00	33.68	1.17	0.86	100	100
	Z3	17.5	19.0	45.00	34.65	1.25	0.93	97	100
	Z4	17.6	19.1	45.00	33.54	1.24	0.90	98	100
	Z5	17.7	19.2	45.00	34.86	1.23	0.91	99	100
	Z6	17.8	19.0	45.00	32.86	1.22	0.90	100	100
	平均值	17.8	19.2	45.00	33.75	1.22	0.89	100	100

比较相同土样在两种加载方式下物理力学性质指标在试验前与试验后的变化可知:真空作用和堆载作用均使土样的容重 γ 增加了,含水量 w 降低了,孔隙比 e 减小了,都表明发生了固结现象。在两种加载方式下,试验前后土样的饱和度 S_r的变化很小,基本上都处于饱和状态。饱和淤泥或者趋向于饱和的淤泥在这两种加载方式下,固结之后仍然为饱和淤泥或者趋向于饱和的淤泥。真空作用下土样的含水量和孔隙比较堆载作用下土样的略小,证明真空作用下这两个指标的加固效果优于堆载作用。这是因为真空负压更有利于土中孔隙水和气体的排出,更有利于孔隙体积的减小,在荷载大小一致

的情况下，真空作用下的土体固结效果更佳。从指标变化幅度看，两种作用下土样前后指标变化幅度差别不是很大，说明固结效果总体是一样的。

不同加载方式下模型试验土体沉降量比较详见表 2-3。

表 2-3　沉降量的比较

堆载作用		真空作用	
土样编号	固结沉降量/mm	土样编号	固结沉降量/mm
D1	0.996	Z1	1.098
D2	1.116	Z2	1.231
D3	1.156	Z3	1.225
D4	1.326	Z4	1.354
D5	0.968	Z5	0.998
D6	1.236	Z6	1.348
平均值	1.132	平均值	1.209

由表 2-3 可知，不同加载方式下，土体的固结沉降量差别不大，但真空作用下软土固结沉降量稍大，也印证了前文所述，在荷载大小相等的条件下，对于含水量和孔隙比这两个指标，真空作用效果优于堆载作用效果。

不同加载方式下模型试验土体固结系数的比较详见表 2-4。

表 2-4　固结系数的比较

堆载作用		真空作用	
土样编号	固结系数/($\times10^{-3}$ cm^2/s)	土样编号	固结系数/($\times10^{-3}$ cm^2/s)
D1	1.26	Z1	1.90
D2	1.16	Z2	2.15
D3	1.05	Z3	2.46
D4	1.32	Z4	1.92
D5	1.33	Z5	1.96
D6	1.41	Z6	2.35
平均值	1.26	平均值	2.12

由表 2-4 可知，相同土样在不同加载方式下，真空作用后固结系数均较堆载作用后固结系数大。淤泥及淤泥质土孔隙中有很多封闭且细小的气泡，这

些气泡在堆载作用下难以随孔隙水被挤出而逸出；但是真空作用下，这些气泡却容易随着水的吸出而逸出。由此可见，真空作用相对堆载作用而言，更能加快土体的固结。

不同加载方式下模型试验土体回弹变形量比较详见表 2-5。

表 2-5 回弹变形量的比较

堆载作用		真空作用	
土样编号	回弹变形量/mm	土样编号	回弹变形量/mm
D1	0.25	Z1	0.41
D2	0.33	Z2	0.38
D3	0.28	Z3	0.48
D4	0.26	Z4	0.44
D5	0.36	Z5	0.35
D6	0.28	Z6	0.34
平均值	0.29	平均值	0.40

由表 2-5 可知，在不同加载方式下，真空作用后土样的回弹变形量较堆载作用后土样的回弹变形量大一些，但总体相差不大，这应该是真空荷载下等向应力的作用更易使土样发生回弹变形所致。

不同加载方式下模型固结试验后土样渗透系数变化比较详见表 2-6。

表 2-6 不同加载方式下模型固结试验土体渗透系数变化比较

堆载作用		真空作用	
土样编号	渗透系数/($\times10^{-8}$cm/s)	土样编号	渗透系数/($\times10^{-8}$cm/s)
D1	3.78	Z1	6.65
D2	1.56	Z2	2.98
D3	2.66	Z3	3.46
D4	3.55	Z4	2.06
D5	2.32	Z5	2.89
D6	2.35	Z6	3.31
平均值	2.70	平均值	3.56

由表 2-6 可知，在不同加载方式下，真空作用后试样渗透系数与堆载作用后试样的渗透系数均为相同数量级，相差不大。这也表明两种工法的实质都是孔隙水压力转变为有效应力。

取 3 个土样，在真空荷载作用下做渗透试验。绘制渗透系数与沉降变形的关系曲线，如图 2-5 所示。由图 2-5 可以发现，渗透系数随沉降变形增大逐渐减小，最后趋于稳定，固结完成后，数量级没有改变。在理论及数值计算过程中，土体渗透系数不变的假设是不符合实际情况的，其对计算结果影响较大。因此，建议取变化前、后渗透系数的算术平均值作为计算参数，以减小计算误差。

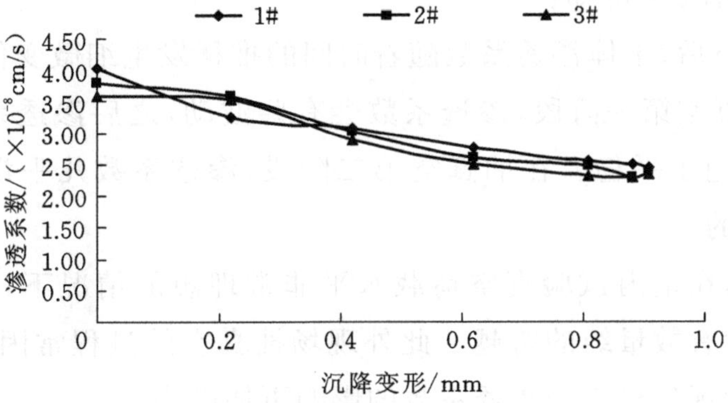

图 2-5 渗透系数与沉降变形关系

真空负压作用下渗透试验的耗时较长，且需连续观测，人工强度很大，所以只对 3 个试样进行了分阶段渗透试验。第一阶段渗透系数与时间的关系如图 2-6 所示，第二阶段渗透系数与时间的关系如图 2-7 所示。

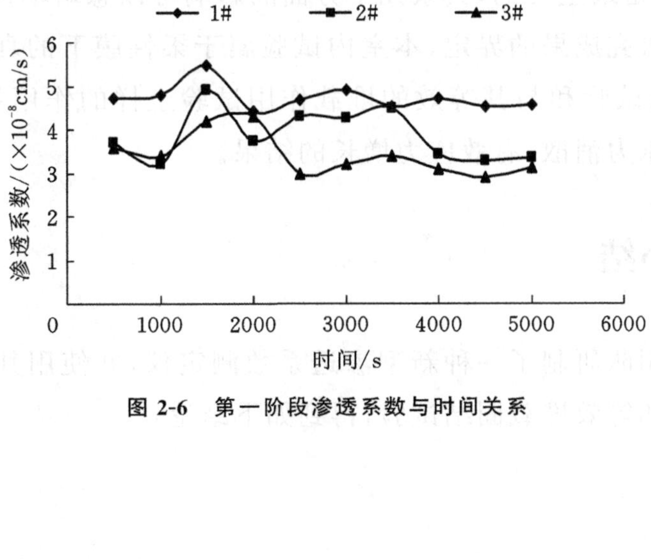

图 2-6 第一阶段渗透系数与时间关系

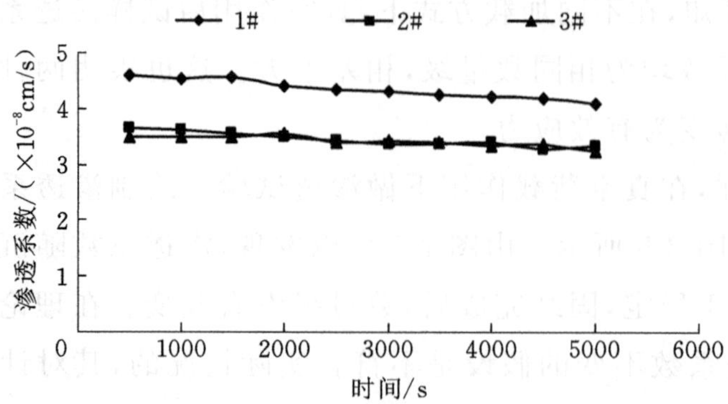

图 2-7　第二阶段渗透系数与时间关系

由图 2-6、图 2-7 可知：

(1) 抽真空后，土体渗透系数随着时间的推移发生细微变化。

(2) 在抽真空第一阶段，渗透系数会有些波动，之后渗透系数逐渐下降，且下降的趋势趋于平稳。在抽真空第二阶段，渗透系数几乎没有波动，但趋势是逐渐减小的。

总的来说，在室内试验真空荷载水平非常理想的情况下，渗透系数的变化非常微小，没有数量级的跨越。此外现场抽真空的过程常因停电或机械故障而中断，这种现象对土的渗透系数的影响更加微小。

岑仰润[121]曾做过刚性膜和柔性膜下真空固结对比试验，试验表明：柔性膜下，真空作用会在毛细管势改变、封闭气泡排出、汽化现象和大气压作用四个方面对土样产生影响；刚性膜下，真空作用只会在毛细管势改变、封闭气泡排出、汽化现象三个方面对土样产生影响。真空作用对试样的四个影响方面，大气压作用是最主要的，其余几个方面的影响可以忽略不计。

按照以上研究成果的界定，本室内试验属于柔性膜下的真空试验。试验表明，真空作用试验和与其等效的堆载作用试验土样的作用效果是一样的，都是超孔隙水压力消散，有效应力增长的结果。

2.3　本章小结

本书作者团队研制了一种新型渗透系数测定仪，并使用其对软基土样进行了室内真空和等效堆载固结试验，得到如下结论：

(1) 从对相同土样加荷前后基本物性指标变化的比较来看，真空作用和堆载作用均使试样容重增加，含水量降低，孔隙比减小。而两种固结类型下，固结前后试样饱和度变化都很小，基本上都处于饱和状态。真空作用下土样的含水率和孔隙比相比堆载作用下的土样偏小，证明真空作用下这两个指标效果优于堆载作用。从指标变化幅度看，两种作用下土体前后指标变化幅度总体一致，说明效果是一样的。

(2) 真空作用下土体固结沉降量平均值为 1.209 mm，堆载作用下土体固结沉降量平均值为 1.132 mm。两种加载方式下，土体的固结沉降量差别不算大。

(3) 土样真空作用后固结系数平均值为 2.12×10^{-3} cm^2/s，大于堆载作用后固结系数平均值 1.26×10^{-3} cm^2/s。原因是淤泥质土孔隙中有很多封闭的细小气泡，这些气泡在堆载作用下难以随着孔隙水被挤出而逸出；但是在真空作用下，这些气泡却容易随着水的吸出而逸出。真空作用相对堆载作用而言，能使土体固结速度变快。

(4) 真空作用下试样的回弹变形量平均值为 0.40 mm，要比堆载作用下试样的回弹变形量平均值 0.29 mm 大一些，但总体相差不大。这应该是等向应力的作用更容易使得土样回弹造成的。

(5) 真空作用后试样渗透系数平均值为 3.56×10^{-8} cm/s，与堆载作用下试样的渗透系数平均值 2.70×10^{-8} cm/s 均为相同数量级，相差不大。这也表明两种工法的实质都是孔隙水压力转变为有效应力。在抽真空初始阶段，渗透系数会有些波动，之后渗透系数逐渐下降，且下降的趋势趋于平稳。在抽真空后续阶段，渗透系数几乎没有波动，但趋势是逐渐减小的。

第 3 章　真空堆载联合预压现场试验研究

3.1　引言

现场监测试验能较精确地获得宏观水文地质工程地质条件下,真空堆载联合预压加固软土地基的第一手资料,如土体位移数据、孔压数据、抽水量数据等。这可以为该工法的理论研究、数值分析研究及室内试验研究等提供印证,也可为类似工程提供参考和借鉴。本章探索并设计真空堆载联合预压法加固高速铁路软基的现场试验方案,为该工法加固软基的研究提供现场试验资料。

3.2　现场试验

3.2.1　工程概况

试验工点地处江苏省昆山市,旱泾村中桥与徐公河中桥之间。该地为湖积平原,地形平坦,有人工鱼塘分布其中,地面标高约 2.5 m。试验工点线路长度为 850 m,里程范围为 K0＋000～K0＋850,其中 K0＋38.40～K0＋833.95 为路基试验段,K0＋000～K0＋38.40、K0＋833.95～K0＋850 为桥梁桩基试验段,线路为直线形,纵坡 0‰。试验段两端设 2 座中桥,中间路基段设置 4 座涵洞。

试验段为双线,路基顶面宽 13.8 m,考虑到路堤填筑后会发生沉降,同时软土路基在施工完成后也会发生沉降,所以将两侧宽度各加宽 20 cm,线路之间距离为 5.0 m。路堤将填筑厚度为 4.2～5.5 m 的土。路堤边坡采用坡率法放坡,坡率为 1∶1.5。边坡坡面在满足坡率要求之后,先采用土工网将土垫固,再喷播植草进行防护。在路堤填筑施工过程当中,在边坡 2.5 m 宽度范围内每隔 30 cm 铺设一层土工格栅,起到加筋作用。

3.2.2　现场工程地质概况

试验地区的气候为亚热带海洋性季风气候，其特征可查阅有关文献。该地区年平均降雨量约为 1440 mm，年平均气温为 14.5～16.3 ℃，地震动峰值加速度为 0.05g；一般十月份后，强大冷空气将降临该区，会出现雨雪、大风、霜冻现象；南太平洋的热带风暴在夏季沿海岸线登陆，经常会伴有大风和暴雨；该地区夏季盛行东南风，最大风力可以达到 12 级。试验段地基土层属第四系全新统冲湖积层，表层为黏土，软至硬塑，灰黄色，厚 0.76～3.60 m；下层为淤泥质粉质黏土，深灰色，流塑，局部夹有薄层粉砂，含少量腐殖物，具有触变性大、压缩性大、强度低的特点，厚 3.2～16.5 m；再往下的下卧层为黏土、粉土及粉质黏土，软至硬塑。

黏土、淤泥质粉质黏土、粉质黏土及粉砂等土体组成了所需要加固的地基。勘测后发现，各层地层土性自上而下为：

(1) 黏土，软至硬塑，灰黄色，夹有少量铁锰结核，厚 0.76～3.60 m。种植土为表层 0.2～0.5 m 范围，含植物根系，中等压缩性土，分布广泛。

(2) 淤泥质粉质黏土，流塑，深灰色，含少量腐殖物，局部夹有薄层粉砂，厚 3.2～16.5 m，压缩性大、强度低，大多数灵敏度超过 16。流动黏土，触变性大，分布广泛。

(3) 黏土、粉质黏土、粉土局部夹薄层粉砂，交错断续，层理清晰，分布如下：

(3-1) 粉质黏土夹薄层粉砂，软塑，绿灰色，厚 0～4.1 m，中等压缩性，分布于 K0＋000～K0＋475 路段。

(3-2) 黏土，硬塑，深灰至浅灰，厚 0～8.1 m，呈透镜体状，属中等偏低压缩性土，分布于 K0＋090～K0＋315 路段。

(3-3) 黏土，软塑至硬塑，灰绿、黑灰色，厚 0～7.4 m，层位稳定，属中等偏低压缩性土，分布于 K0＋405～K0＋845 路段。

(3-4) 粉土局部夹薄层粉砂或黏土，软至硬塑，灰黄色，厚 0～5.4 m，层位较稳定，属中等偏低压缩性土，分布于 K0＋405～K0＋845 路段。

(3-5) 粉质黏土，软塑，浅灰、灰黄色，厚 0～9.8 m，层位较稳定，属中等压缩性土，分布于 K0＋405～K0＋845 路段。

（4）粉砂分上下两层，上部夹有薄层黏性土：

（4-1）上层粉砂，中密，饱和，褐黄色，厚 0～6.7 m，不均匀夹有薄层黏土，$N_{63.5}$＝5～45，分布于 K0＋035～K0＋535 路段。

（4-2）下层粉砂，中密至密实，饱和，褐黄、深灰色，厚度超过 10 m，$N_{63.5}$＝19～48，广泛分布。

土层物理力学指标见表 3-1。

表 3-1　试验段土体物理力学指标统计一览表

项目		单位	地层						
			1	2	3-1	3-2	3-3	3-4	3-5
天然含水量 w		%	31.9	44.4	35.0	26.0	24.5	35.5	36.4
容重 γ		kN/m^3	19.2	17.8	18.8	19.9	20.3	18.7	18.7
天然孔隙比 e			0.89	1.23	0.97	0.70	0.69	0.98	0.99
液限 w_L			40.9	35.8	33.2	33.5	36.2	33.9	34.8
塑限 w_p			19.7	19.9	19.8	16.4	17.1	21.9	20.4
塑性指数 I_p			21.1	16	15.5	17.0	19.1	12.7	14.4
快剪	黏聚力 c	kPa	24.5	8.4	29.0	30.5	57.3	15.6	14.7
	内摩擦角 φ	°	8.7	6.3	10.6	7.9	16.7	15.0	15.3
固结快剪	黏聚力 c	kPa	14.0	3.7	4.0			3.0	14.0
	内摩擦角 φ	°	15.5	18.9	26.7		21.6	23.2	23.6
无侧限抗压强度		kPa	92.9	34.3	92.6		248.7	54.0	119.7
压缩系数 a_v		MPa^{-1}	0.39	0.89	0.21	0.33	0.18	0.25	0.40
压缩模量 E_s		MPa	4.61	4.35	8.77	5.70	48.79	10.01	6.08
压缩指数 C_C			0.25	0.30	0.14	0.25	0.14	0.2	0.33
前期固结压力		kPa	204.3	86.5	226.0	281.5	253.69	290	253.67
回弹指数 C_S			0.03	0.04	0.009	0.02	0.06	0.02	0.02
次固结系数 C_a			0.006	0.0086		0.0029	0.0019		0.0047
固结系数	$C_{h100\sim200}$	10^{-3} cm^2/s	1.45	3.37			9.46	12.86	9.31
	$C_{v100\sim200}$	10^{-3} cm^2/s	2.09	1.92	4.95	3.85	5.47	11.38	7.82
渗透系数	$k_{h100\sim200}$	10^{-7} cm/s	0.4	1.44			1.12	2.32	
	$k_{v100\sim200}$	10^{-7} cm/s	0.52	0.68	0.57	0.71	0.63	1.70	1.24

续表3-1

项目		单位	地层						
			1	2	3-1	3-2	3-3	3-4	3-5
不排水剪	黏聚力 c	kPa	53	11.5		38.0			
	内摩擦角 φ	°	6.3	3.7		10.8			
固结不排水剪	黏聚力 c	kPa		10.7		66.0			
	内摩擦角 φ	°		18.7		25.9			

从表 3-1 中可看出，第(2)层淤泥质粉质黏土层是试验段的主要控制地层，其天然含水量平均值达到了 44.4%，天然孔隙比平均值达到了 1.23；同时该层土的灵敏度也比较高，属于典型软土。试验段土层的固结系数在 10^{-4}～10^{-3} 数量级，渗透系数在 10^{-8}～10^{-7} 数量级，次固结系数在 10^{-3}～10^{-2} 数量级，变化范围不大。

试验段纵断面地层如图 3-1 所示。

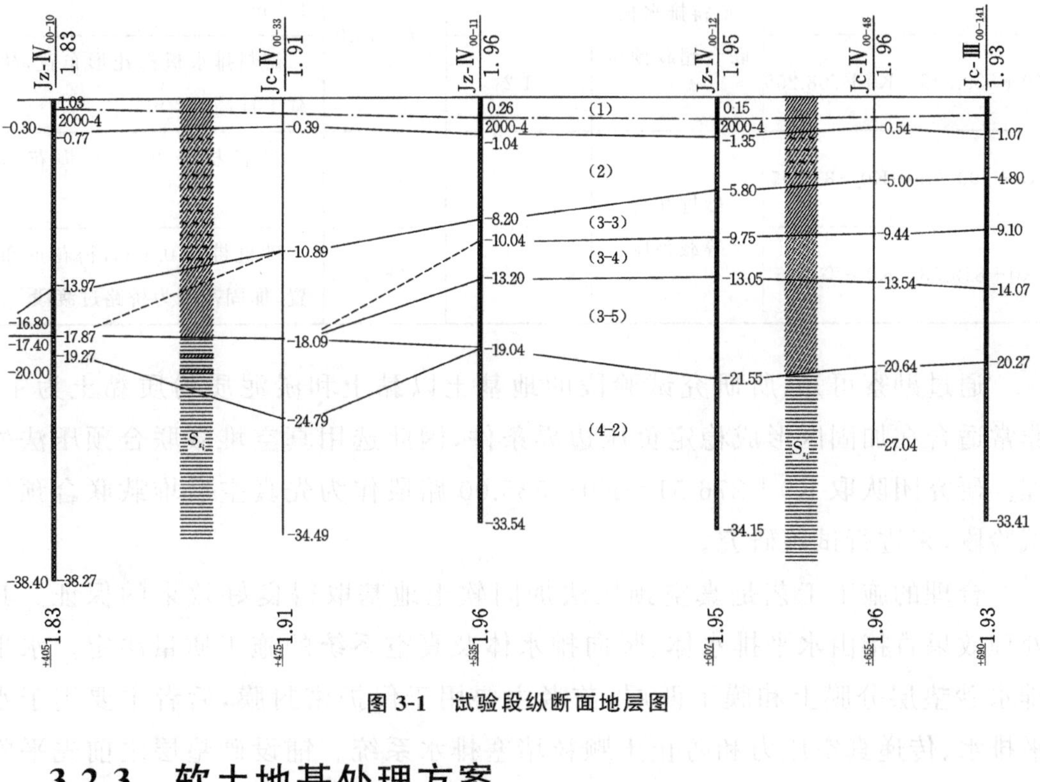

图 3-1　试验段纵断面地层图

3.2.3　软土地基处理方案

《高速铁路设计规范》(TB 10621—2014)[122]中规定，路基工后沉降要求小于 15 mm，桥路过渡段路基工后沉降要求控制在 5 mm 以内。这就对地基处理技术提出了非常高的要求。本试验段地基处理分别采用了浆喷桩、粉喷桩、塑料排水板联合真空预压、塑料排水板联合超载预压、砂桩联合等载预压等地基加固措施，详见表 3-2。

表 3-2　软土地基加固设计措施

<table>
<tr><th rowspan="2">里程</th><th rowspan="2">地基处理类型</th><th colspan="2">间距/m</th><th rowspan="2">深度/m</th><th rowspan="2">附注</th></tr>
<tr><th>路肩</th><th>边坡</th></tr>
<tr><td>K0＋38.40～K0＋51.98</td><td>浆喷桩</td><td>1.0</td><td>1.2</td><td>18.0</td><td>桩径 0.5 m，排间距 1.0 m</td></tr>
<tr><td>K0＋51.98～K0＋155.00</td><td>浆喷桩</td><td>1.2</td><td>1.4</td><td>15.0～17.5</td><td>桩径 0.5 m，排间距 1.2 m</td></tr>
<tr><td>K0＋155.00～K0＋276.51</td><td>粉喷桩</td><td>1.2</td><td>1.4</td><td>12.5～16.5</td><td>桩径 0.5 m，排间距 1.2 m</td></tr>
<tr><td>K0＋276.51～K0＋535.00</td><td>塑料排水板联合真空预压</td><td colspan="2">1.2</td><td>14.5～18.5</td><td>塑料排水板梅花形布置</td></tr>
<tr><td>K0＋535.00～K0＋587.755</td><td rowspan="2">塑料排水板联合超载预压</td><td colspan="2">1.8</td><td rowspan="2">7.0～15.0</td><td>梅花形布置，超载土柱高 1.8 m</td></tr>
<tr><td>K0＋589.245～K0＋708.255</td><td colspan="2">1.2</td><td>塑料排水板梅花形布置，超载土柱高 1.2 m</td></tr>
<tr><td>K0＋709.745～K0＋819.55</td><td rowspan="2">砂桩联合等载预压</td><td colspan="2" rowspan="2">2.0</td><td>15.0</td><td>砂桩桩径 0.4 m，梅花形布置</td></tr>
<tr><td>K0＋819.55～K0＋833.95</td><td>25.5</td><td>砂桩桩径 0.4 m，梅花形布置，加固范围为桥路过渡段</td></tr>
</table>

通过勘察可知，所研究试验段的地基土以黏土和淤泥质粉质黏土为主，非常适合在加固区形成稳定负压边界条件，因此选用真空堆载联合预压法处理。研究团队取 K0＋276.51～K0＋535.00 路段作为先真空后堆载联合预压试验段，来进行试验研究。

合理的施工工艺是真空预压法加固软土地基取得良好效果的保证。其处理效果直接由水平排水体、竖向排水体及真空系统的施工质量决定。水平排水砂垫层分膜上和膜下两层，前者主要用于保护密封膜，后者主要用于水平排水、传递真空压力和防止土颗粒堵塞排水系统。铺设砂垫层之前先平整场地，一般是中间略高，四周稍低，坡度为 2%左右。铺完砂垫层后，即可打设塑料排水板，严格控制打设深度，避免回带现象。埋设砂垫层中的管道分主管和滤管两种，其作用是传递真空压力和将土中原本排至砂垫层中的水(气)通过管道排至膜外，主管 ϕ82.9 mm，主管上设有孔洞并用反滤材料包裹；滤管ϕ55 mm，滤管上分布有孔洞并用反滤材料包裹。管道平面布置采用鱼刺形布置，滤管间距 5.5 m，整个管道埋入砂垫层 25 cm 深。埋设完管道，即可铺设第一层土工布，然后在其上铺设密封膜，铺膜时必须注意：

① 埋设元件从密封膜穿出时，在其管道外套一段外表面光滑的 PVC 管与已铺设的密封膜平顺粘接，管长约 1.5 m，深入地层约 0.5 m，PVC 管周边密封膜须预留 8～10 cm，防止差异沉降撕裂密封膜。

②主管从密封膜穿出时，在 PVC 主管口用螺纹钢丝橡胶软管连接 50～80 cm 长同直径的镀锌铁管，镀锌铁管一样采用平顺粘接的方式出膜。密封膜一定要紧贴密封沟内壁放至沟底，然后分层回填土并压实。现场施工情况如图 3-2 所示。

图 3-2　现场施工情况

(a)埋设元件出膜的处理；(b)真空泵的安装；(c)膜的封闭；(d)抽真空管道的牵出

3.2.4 测试仪器及埋设概况

3.2.4.1 测试仪器配置

测试仪器配置如表 3-3 所示。

表 3-3 测试仪器配置表

<table>
<tr><th>序号</th><th colspan="2">测试仪器名称</th><th>规格</th><th>单位</th><th>数量</th><th>备注</th></tr>
<tr><td>1</td><td colspan="2">分层沉降仪</td><td>磁电</td><td>套</td><td>1</td><td>测深层沉降</td></tr>
<tr><td>2</td><td colspan="2">位移测斜仪(自动记录)</td><td>加速度</td><td>套</td><td>1</td><td>测侧向位移</td></tr>
<tr><td>3</td><td colspan="2">剖面沉降仪(人工记录)</td><td>加速度</td><td>套</td><td>1</td><td>测剖面沉降</td></tr>
<tr><td rowspan="5">4</td><td rowspan="5">多点自动综合遥测系统</td><td>主机</td><td>JMZR-2000</td><td>台</td><td>1</td><td rowspan="5">传感器测量</td></tr>
<tr><td>8 点采集单元</td><td>ZR-8</td><td>台</td><td>2</td></tr>
<tr><td>16 点采集单元</td><td>ZR-16</td><td>台</td><td>3</td></tr>
<tr><td>32 点采集单元</td><td>ZR-32</td><td>台</td><td>2</td></tr>
<tr><td>64 点采集单元</td><td>ZR-64</td><td>台</td><td>11</td></tr>
<tr><td>5</td><td colspan="2">振弦检测仪</td><td>JMZX-3001</td><td>套</td><td>2</td><td>传感器测量</td></tr>
<tr><td>6</td><td colspan="2">应力铲测试仪</td><td></td><td>台</td><td>1</td><td>应力铲测量</td></tr>
<tr><td>7</td><td colspan="2">测距仪</td><td></td><td>套</td><td>1</td><td>测边桩位移</td></tr>
<tr><td>8</td><td colspan="2">水平仪</td><td></td><td>套</td><td>1</td><td>测量标高</td></tr>
<tr><td>9</td><td colspan="2">全站仪</td><td></td><td>套</td><td>1</td><td>测量标高</td></tr>
</table>

3.2.4.2 基点、测点布置

基点包括工作基点和校核基点。工作基点设在软土路基两侧，且与线路中心线方向垂直的边桩横向延长线上，其与最外排边桩的距离至少要大于 2 倍软土路基底宽。软土路基两侧各设置 5 个工作基点，总共 10 个。在距离边桩不小于 500 m 且通视条件非常好的地段布置校核基点，软土路基两边一边一个，共 2 个。所有基点都要伸入一定深度的土层中，既可以用混凝土质的桩打入，也可用无缝钢管打入。所有基点都要进行加固，加固材料可用现浇混凝土。真空堆载联合预压试验段测点布设如表 3-4 所示。

表 3-4　真空堆载联合预压试验段测点布设

项目	断面					
	10＋342(插塑板＋真空)	20＋448.8(插塑板＋真空)	10＋535(插塑板＋堆载)	20＋573(插塑板＋堆载)	30＋628.6(插塑板＋堆载)	40＋681(插塑板＋堆载)
分层沉降	1 孔,21 m,11 点	1 孔,25 m,13 点	1 孔,24 m,12 点	1 孔,23 m,12 点	1 孔,23 m,12 点	1 孔,23 m,12 点
	中心处各布 1 孔,穿透软土层,共 6 孔,深 139 m,有 158 个磁环					
侧向位移	2 孔,42 m		2 孔,48 m		2 孔,46 m	
	只测主观测断面,6 孔,深 136 m,两边坡脚外 0.5 m 处各设 1 孔					
剖面沉降	宽 40 m		宽 40 m		宽 40 m	
	横向设置,3 处,120 m,真空段设于密封膜上方,堆载段设于土工格栅底部					
断面地基沉降	3 个	3 个	3 个	3 个	3 个	3 个
	路基中、左线中、右路肩处各布 1 个沉降板,共计 18 个					
位移边桩	两侧坡脚外 2 m、12 m 处各设 1 排观测边桩,边桩与边桩间距为 20～30 m,并保证观测断面处 1 组,每组 4 个,共计 52 个					
面沉降	各观测断面路基面中心及左右路肩处设 1 组,每组有 3 个					
格栅应力应变	横向 30 个,间距 1 m		横向 30 个,间距 1 m		横向 30 个,间距 1 m	
	元件沿横断面布置,间距 1 m,共 90 个传感器					
底面竖向应力	横向 9 个,间距 3 m		横向 9 个,间距 3 m		横向 9 个,间距 3 m	
	基底压力盒按间距布置,共计 27 个					
孔隙水压力	2 m 间距,数量 10 个	2 m 间距,数量 12 个	2 m 间距,数量 11 个	2 m 间距,数量 11 个	2 m 间距,数量 11 个	2 m 间距,数量 11 个
	钻孔布置,安放于孔间土的形心处,紧靠断面中心,每个深度数量为 2 个或 3 个					
应力铲		3 个		3 个		
	钻孔布置,安放于孔间土的形心处,紧靠断面中心安放深度为软土层底部、3/4 深度处、1/2 深度处,每孔埋设 1 个,共 6 个					
下卧层水平应力		3 个		3 个		
	钻孔布置,安放于孔间土的形心处,紧靠断面中心安放深度为软土层底部、3/4 深度处、1/2 深度处,每孔埋设 1 个,共 6 个					
下卧层竖向应力		3 个		3 个		
	钻孔布置,安放于孔间土的形心处,紧靠断面中心安放深度为软土层底部、3/4 深度处、1/2 深度处,每孔埋设 1 个,共 6 个					

注:(1) K0＋370 断面的路基中线处、左线中线处、右路肩处分别安放 1 个沉降板,共 3 个;

(2) 真空预压范围内的路基右侧,在离坡脚 4.5 m、7.0 m、9.5 m 处,增设 3 排边桩来进行观测。

所有测试元件及设备中除了路基面观测桩，都必须在地基加固施工前埋设。路基填筑施工完成后，才进行路基面观测桩的埋置。真空堆载联合预压试验段仪器的具体埋设要求如图 3-3、图 3-4 所示。

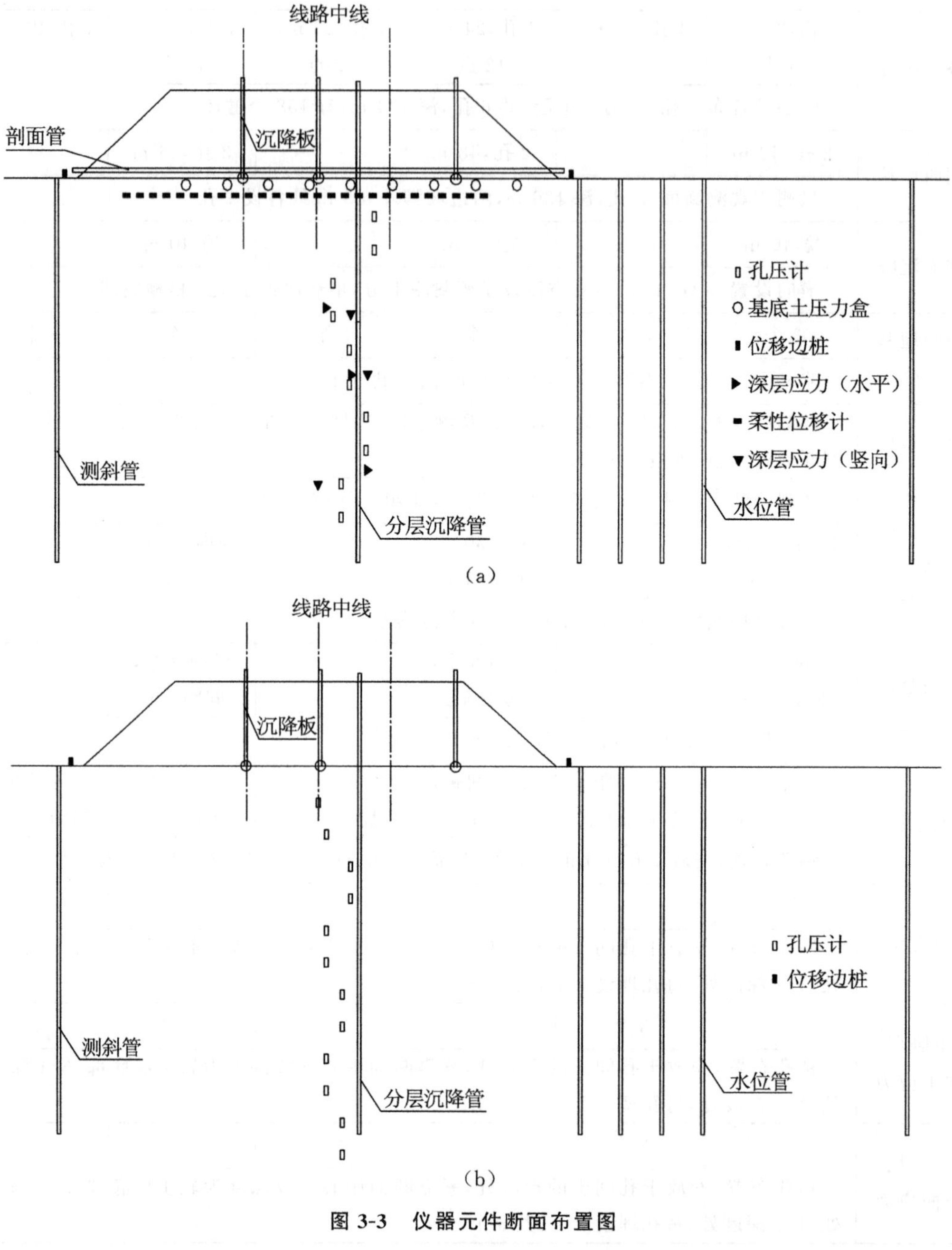

图 3-3　仪器元件断面布置图

(a)K0＋342 仪器元件埋设图；(b)K0＋448 仪器元件埋设图

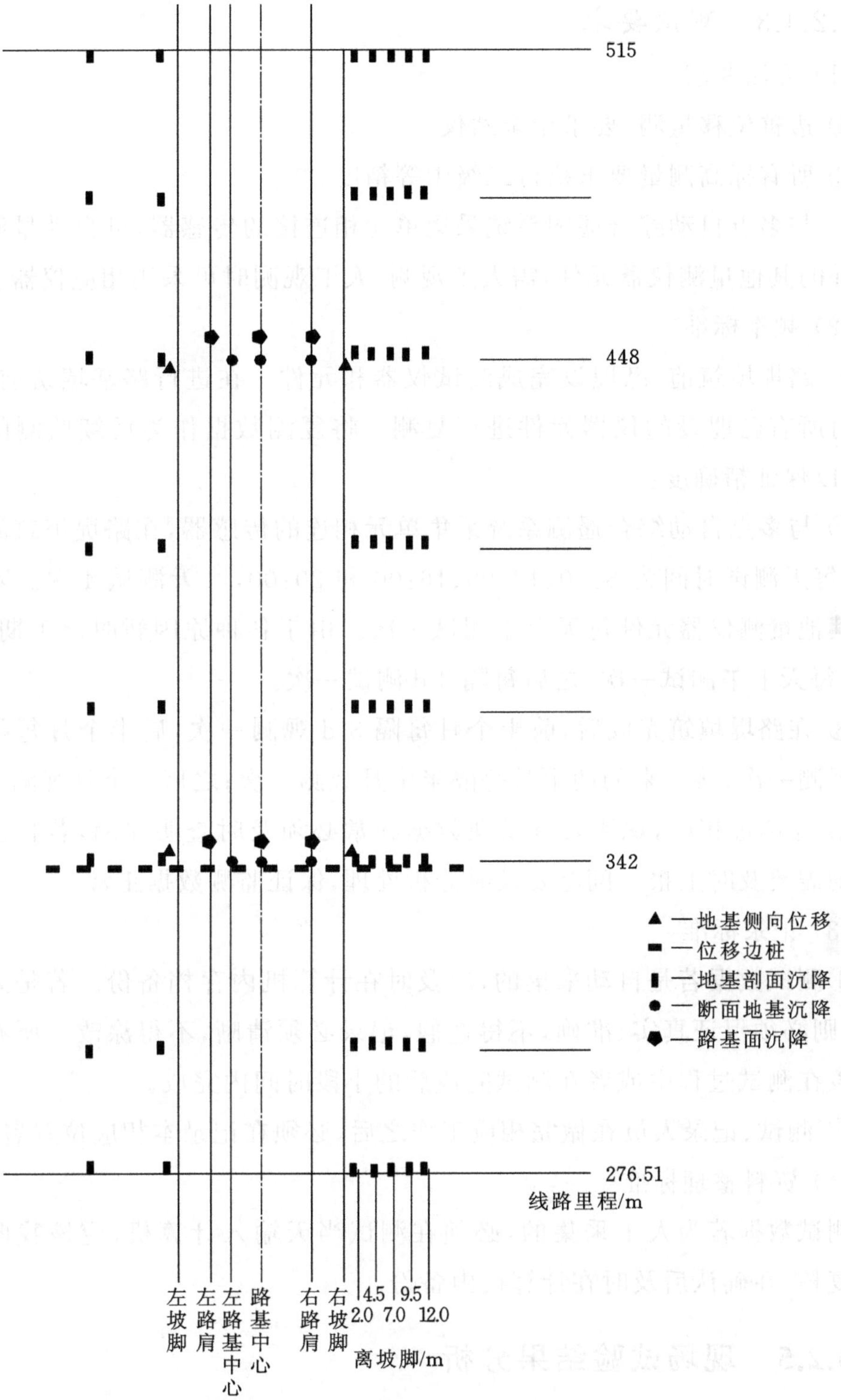

图 3-4　仪器元件平面布置图

3.2.4.3 测试要求

(1) 方法要求

① 边桩位移量测,要求用全站仪。

② 所有标高测量要求执行二级中等精度。

③ 与多点自动综合遥测系统采集单元相连接的传感器,可自动量测。除此以外的其他量测仪器元件,需人工观测,人工观测时可采用相应仪器。

(2) 频率标准

① 路堤填筑前,已埋设完成测试仪器和元件。在进行路基填筑前,必须统一对所有已埋设的仪器元件进行复测。将复测数据作为后续监测的初始读数,以保证精确度。

② 与多点自动综合遥测系统采集单元相连的传感器,在路堤填筑施工过程中,每天测试时间为 8:00、12:00、16:00 和 20:00,一天测试 4 次。除此以外的其他量测仪器元件每天上午测试一次。由于各种原因暂时停工期间,前 2 d 的每天上午测试一次,之后每隔 3 d 测试一次。

③ 在路堤填筑完成后,前半个月每隔 3 d 观测一次,后半个月每隔一个星期观测一次;接下来的两个月每隔半个月观测一次;之后每个月观测一次。

④ 监测过程中,观测人员发现数据异常必须及时查明原因,若自己无法处理则需要及时上报。问题要及时分析处理,保证监测数据正常。

(3) 记录标准

①测试数据若是自动采集的,应及时在计算机内存档备份。若是人工采集的,则必须保证真实、准确,不得造假,记录必须清晰,不得涂改。所有记录都应该在测试过程中或者在测试完成后的小段时间内完成。

② 测试、记录人员在做完相应工作之后,必须在记录本相应位置署名。

(4) 资料整理标准

测试数据若为人工采集的,必须在测试当天输入计算机,应该找两个人进行复核,在确认后及时在计算机内备份。

3.2.5 现场试验结果分析

软土地基沉降分析的基础是地基沉降观测数据,沉降变化规律是控制高速铁路路基施工进度及安排后期施工最重要的指标，也是理论研究结果是否正确的最直接的检验标准和加固效果的最直接的反映。

(1) 路基中点表层沉降随时间变化分析

本试验工程共有 7 个沉降观测断面，分别为 K0＋280、K0＋342、K0＋370、K0＋445、K0＋450、K0＋500、K0＋535。

选择其中有代表性的观测断面(K0＋342)线路中线上的沉降进行分析说明，如图 3-5 所示。

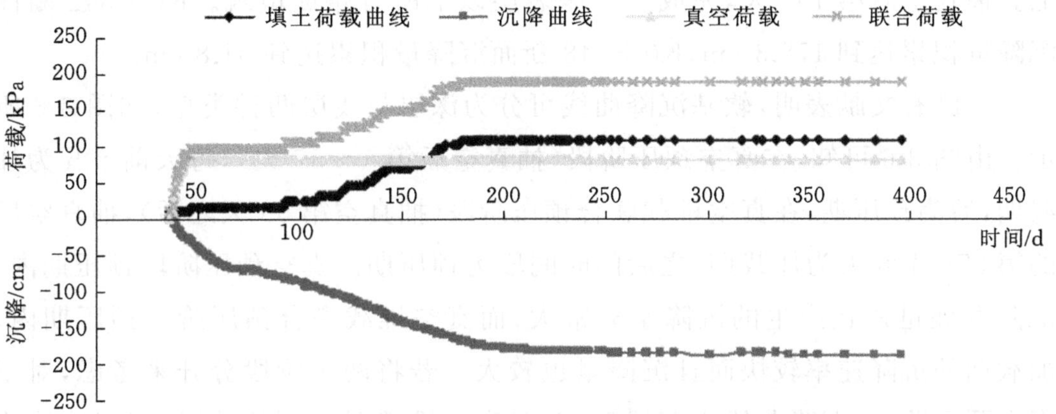

图 3-5　K0＋342 **路基中点荷载-时间、沉降-时间变化曲线图**

① 从第 1 天抽真空至第 57 天开始正式填筑路堤期间，为真空预压时间段，历时 56 d。之后由于路堤的填筑相当于在软基上增加了堆载，将其划定为真空堆载联合预压时间段。在真空预压时间段，地基沉降变化与膜下真空度能够大致对应起来。抽真空后 8 h 内膜下真空度就达到了设计要求 80 kPa，从抽真空开始之后 5 d 的观测资料来看，地基沉降速率非常大，可达 4～6 cm/d。过了这 5 天，沉降速率开始逐渐变小。值得注意的是，通过对真空表的观测发现，有两个时间段内(抽真空第 6～10 天和第 29～36 天)的膜下真空度有所降低，沉降速率明显减小。继续抽真空，膜下真空度重新达到 80 kPa 后，沉降速率又变大。

在真空度上升期间，沉降速率基本和真空度的上升成线性关系，这相当于土的荷载试验中的直线阶段。正式开始路堤填筑前，即真空预压约两个月后，K0＋342 断面沉降速率减小到 3～5 mm/d，K0＋448 断面沉降速率减小到 2～3 mm/d。这说明，真空作用下，土体主固结变化速率与堆载作用下土体主固结变化速率一样，也是一个逐渐变化、逐渐收敛的过程。K0＋342 断面正式填筑路堤时的沉降积累达到 85.0 cm，K0＋448 断面正式填筑路堤时的沉降达到 42.9 cm。其中有 6～8 cm 的沉降变形为路堤底部砂垫层施工和塑料排水板施工引起的。正式开始填筑路堤后，发现路基沉降速率又变大了。沉降速率的变化与填土堆填的施工速度关系密切。抽真空后第 98～104 天，填土堆填速率加快了，路基沉降速率随其加快而变大，达到 1.0 cm/d 以上。抽真空后第 162 天，完成了基床表层以下所有路堤填筑。K0＋342 断面沉降量积累达到 178.3 cm，K0＋448 断面沉降量积累达到 91.8 cm。

②已有文献表明，软基沉降曲线可分为深层与浅层两种类型，如图 3-6 所示。由图 3-6 可知，在真空预压阶段（抽真空后第 1～57 天），每天前 8 h 为加载期，后为预压期；在真空堆载联合预压阶段（抽真空第 56 天之后），抽真空后的第 57～106 天为加载期，之后的时间段为预压期。真空预压阶段预压期内，沉降发展迅速且产生的沉降量非常大；而真空堆载联合预压阶段预压期内，加载期的沉降速率较快而且沉降量也较大。若将两个阶段分开来考虑，对于真空预压阶段，沉降曲线为深层型；对于真空堆载联合预压阶段，沉降曲线为浅层型。若不分开考虑则为浅层型，也就是说，在进入预压期不久，沉降发展有结束的趋势。这种判断跟施工工艺方案有密切的联系。

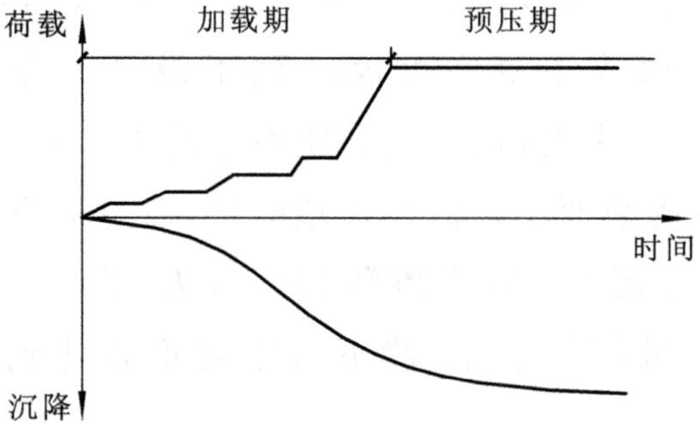

(a)

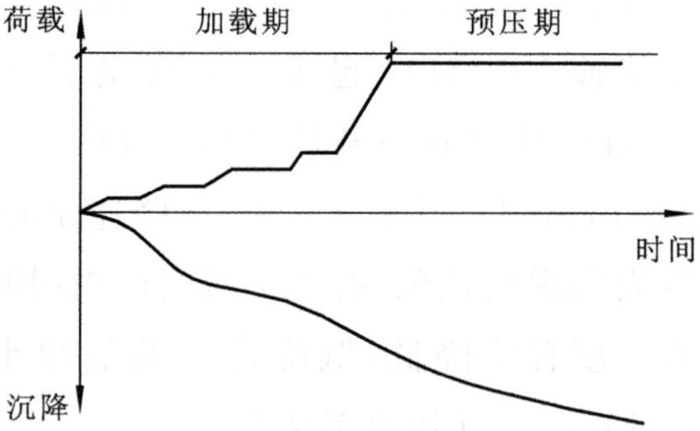

(b)

图 3-6　不同类型的沉降

(a)浅层型；(b)深层型

③表 3-5 所列为用分层总和法计算的软基主固结沉降量和用沉降与时间实测关系曲线推算得到的最终沉降量。用沉降与时间实测关系曲线推算得到各测点的沉降：各个断面在预压 4 个半月左右时间后的剩余沉降量全部在 15 mm 以下，低于《高速铁路设计规范》(TB 10621—2014)对工后沉降的要求值。瞬时沉降在总沉降中一般占有 12％的比例，最大占到 17％，最小占到 6％。从表 3-5 还可以看出，沉降系数的变化范围为 1.05～1.21，这个数值范围在这类软土工程中有借鉴作用。这里推荐这种类型软土的沉降系数采用 1.13(取平均值)。

表 3-5　沉降计算结果一览表

里程	实测沉降 $S_{t=294天}$/mm	总沉降量 $S_{总}$/mm	固结沉降量 S_c/mm	瞬时沉降量 S_d/mm	剩余沉降量 S_r/mm	沉降系数 m_s	$S_d/S_{总}$
K0＋280	771.78	786.48	668.20	118.28	14.70	1.18	0.15
K0＋342	1870.22	1883.17	1771.17	112.00	12.95	1.06	0.06
K0＋370	1730.61	1744.45	1455.38	289.07	13.84	1.20	0.17
K0＋445	954.78	967.15	890.96	76.19	12.37	1.09	0.08
K0＋450	467.56	478.74	396.74	82.00	11.18	1.21	0.17
K0＋500	912.87	925.90	819.04	106.86	13.03	1.13	0.12
K0＋535	894.28	905.12	858.12	47.00	10.84	1.05	0.05

(2) 表层沉降沿路基横断面变化分析

图 3-7 所示为各个里程表层沉降沿路基横断面(由路基中心向两侧分别扩展 10 m)变化的曲线。软土路基在条形荷载作用下发生沉降，按照布辛涅斯克解，应该是盆形曲线，即中心沉降大、两侧沉降小。这在图 3-7 中得到了充分的体现。

图 3-8 所示为 K0＋342 表层沉降沿路基横断面(由路基中心向两侧分别扩展 10 m)随时间变化的曲线。由图 3-8 可知，沉降沿路基横断面的分布比较均匀，尤其是正式路堤填筑之前的真空预压阶段。正式填筑路堤之后为堆载施工阶段，路基断面沉降形式基本上也表现为整体下沉，曲线向下凸出的现象比真空预压阶段明显。

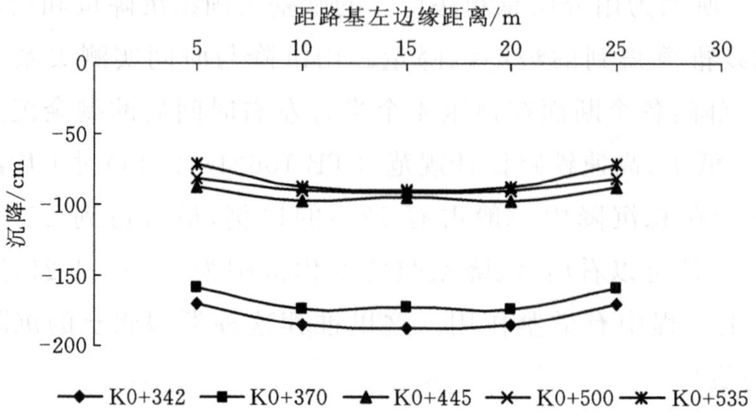

图 3-7 表层沉降沿路基横断面变化曲线

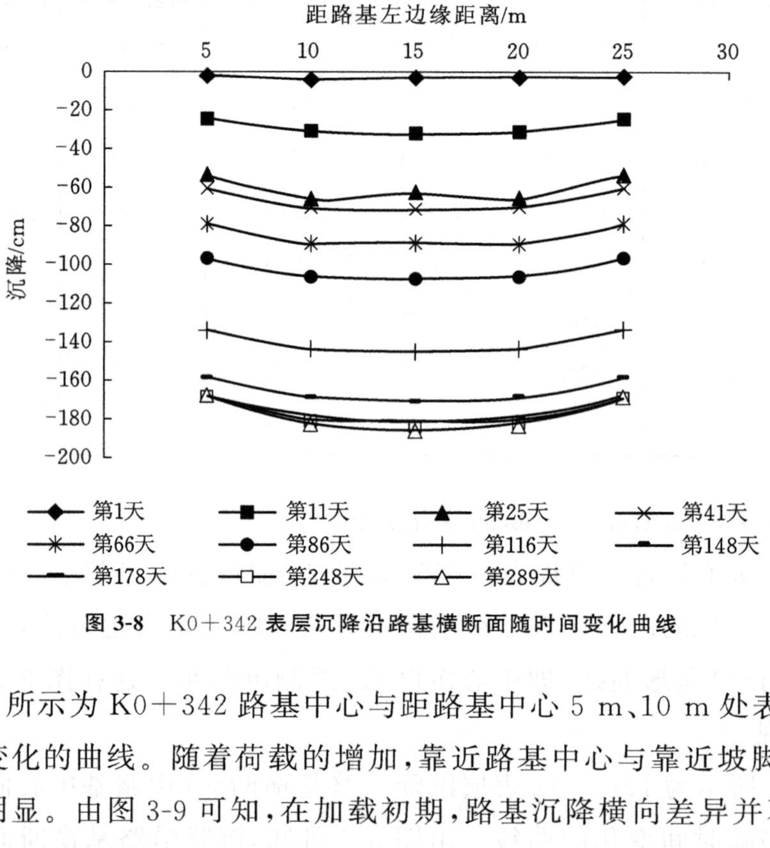

图 3-8 K0＋342 表层沉降沿路基横断面随时间变化曲线

图 3-9 所示为 K0＋342 路基中心与距路基中心 5 m、10 m 处表层差异沉降随时间变化的曲线。随着荷载的增加，靠近路基中心与靠近坡脚的差异沉降越来越明显。由图 3-9 可知，在加载初期，路基沉降横向差异并不明显，究其原因是真空荷载比较小，未充分传递到土层深处，以及软土硬壳层有较好的应力分散作用。随着真空荷载的充分传递以及填土荷载的施加，软土硬壳层作用逐渐变弱，荷载加大了，横向差异沉降逐渐增大。对比距路基中心 5 m

与路基中心的表层差异沉降和距路基中心 10 m 与路基中心的表层差异沉降的曲线，可以发现前者在后者上方，由此推得，距路基中线越远，与路基中心的差异沉降越大；反之，则越小。从图 3-9 中还可以知道，曲线随时间的推移趋于平缓，也就是差异沉降的发展速率越来越慢，到后面曲线基本趋于水平线，这表明软土路基逐渐固结稳定了。

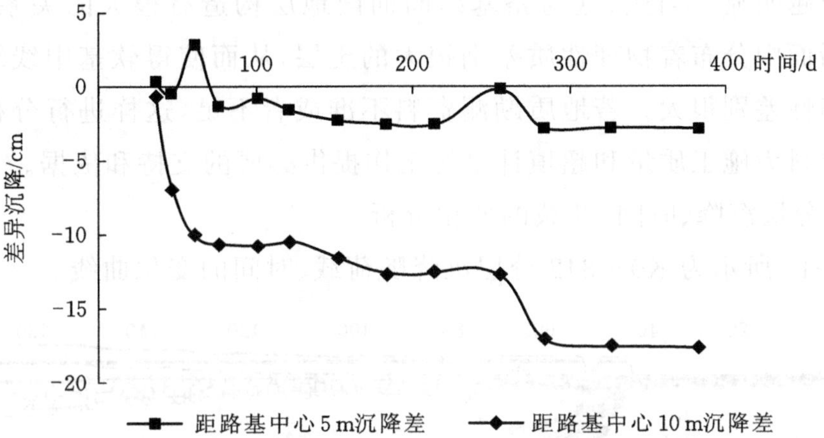

图 3-9　K0＋342 **路基中心与距路基中心** 5 m、10 m **处表层差异沉降随时间变化曲线**

(3) 路基中线表层沉降沿路基纵向随时间变化分析

K0＋342、K0＋370、K0＋445 断面线路中线表层沉降与时间的关系如图 3-10 所示。

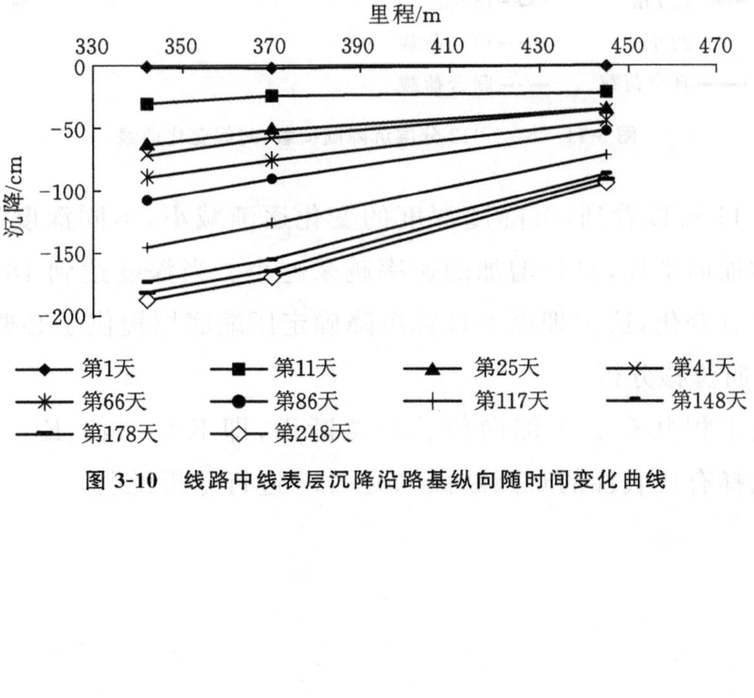

图 3-10　线路中线表层沉降沿路基纵向随时间变化曲线

由图 3-10 可知,在加载初期,沉降差异并不大,这是由于真空荷载比较小,未充分传递到土层深处,以及软土硬壳层有较好的应力分散作用。随着真空荷载的充分传递以及填土荷载的施加,软土硬壳层作用逐渐变弱,作用于土层的荷载加大,随着荷载的增大和时间的推移,软土地基固结,每个里程处路基沉降逐渐增大,沉降差异也越来越明显。已有文献表明:沉降量越大,沉降差异越明显。当然,这与路基纵断面内地层构造有很大的关系,比如在路基纵断面中分布着物理性质差别很大的土层,从而使得软基中线纵断面内土的压缩性差别很大。若地质勘测资料不准或者不足,这样进行分析就可以不依赖资料为施工质量和超填计量等工作提供必要的支持和依据。

(4) 分层沉降、时间、荷载的变化分析

图 3-11 所示为 K0+342 分层沉降随荷载、时间的变化曲线。

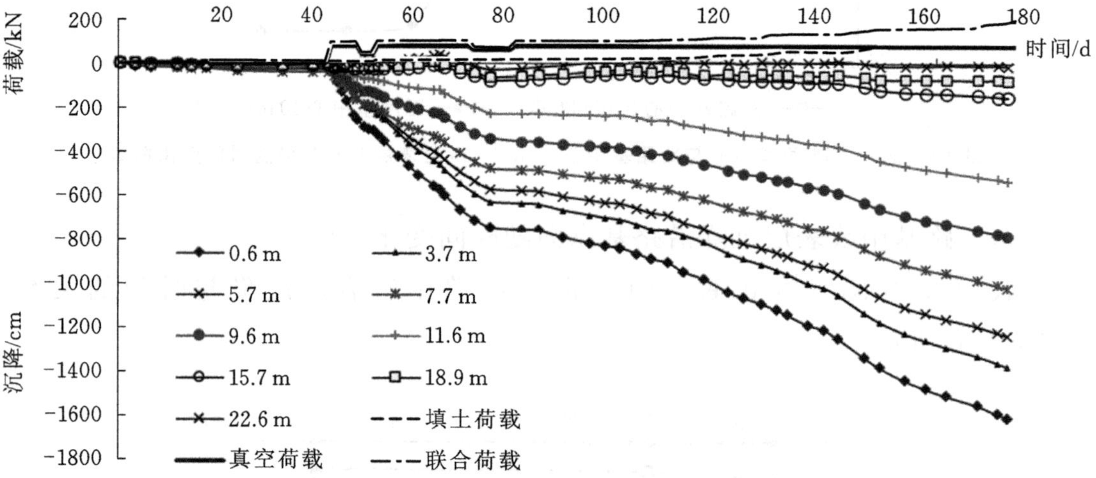

图 3-11　K0+342 分层沉降随荷载、时间变化曲线

从图 3-11 可以看到,沉降随深度的变化逐渐减小,不同深度沉降随时间和荷载的增加而增加,只是增加的速率越来越小。当深度达到 18 m 的时候,沉降几乎没有变化,这为理论上计算沉降确定压缩底层提供了必要的依据。

(5) 侧向位移分析

本试验工程共有 3 个侧向位移观测断面,即 K0+342、K0+448、K0+535,现在选择有代表性的观测断面 K0+342 进行分析说明。

由现场测斜管所得数据作图 3-12(图中以 4 月 26 日开始抽真空那天为基准,即第 1 天,前为“－”,后为“＋”),可以得到下面的结论:

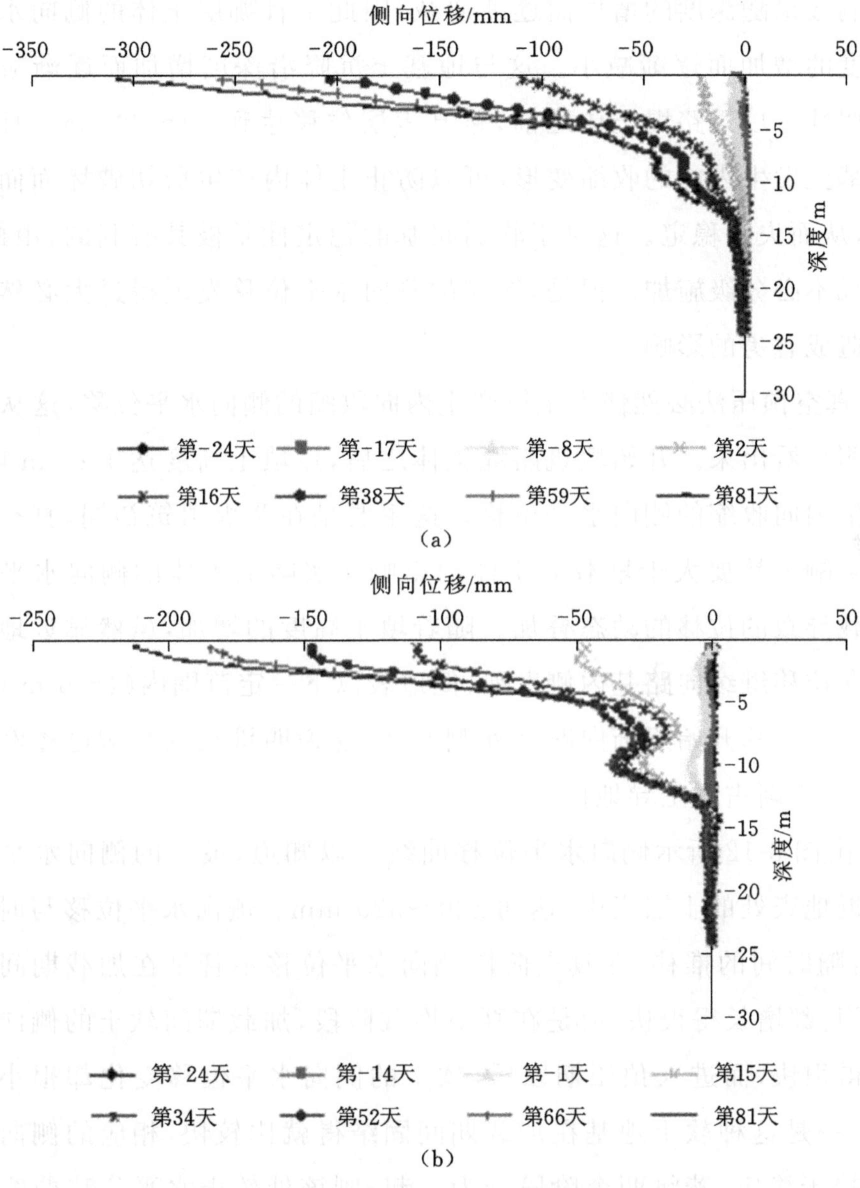

图 3-12　K0＋342 侧向位移随深度、时间变化曲线

(a)线路前进方向右侧;(b)线路前进方向左侧

① 真空预压法将使软基土体产生向内的收缩变形,基本属于三维等向压缩固结,在靠近地表处的土层发生的水平位移最大。该处淤泥质层下分布有

呈硬塑的(3-3)黏土层、(4-1)粉砂层，它们的变形微小，从而表现出侧向水平位移很小。从图3-12中看来，侧向位移大部分发生在淤泥质土层。由于真空负压影响效果随深度的增加而逐渐递减，因此不管哪层土体的侧向水平位移均随深度的增加而逐渐减小。这与地基土沉降沿深度增加而逐渐减小的规律有相似性。填筑路堤土体之前，路基表层位移达到20～30 cm。真空预压法使软基土发生内向的收缩变形，可以防止土体内产生剪切破坏面而发生剪切破坏，从而失去稳定。这对于软弱路基的稳定性是极其有利的，由此可知，真空荷载不必分级施加。但是，地表的侧向水平位移发展得过大必然会对周围环境造成恶劣的影响。

② 真空预压法必然使得土体产生内向收缩的侧向水平位移，这从图3-12中可以明显看出来。开始填筑路堤土体之后，在填土高度达1.25 m前，地基土均产生内向收缩的侧向水平位移。这主要是在路堤填筑初期，真空预压对土体的影响仍然要大于堆载对土体的影响。实际上土体的侧向水平位移是两种荷载导致的位移的动态叠加。随着填土高度的增加，虽然靠近地表的地基土侧向位移继续向路基内侧发展，但地表以下一定范围内(4～5 m以下)的地基土水平位移开始逐渐向路基外侧发展，这说明堆载的影响已逐渐强于真空荷载，并逐渐占据主导地位。

③ 由图3-12所示侧向水平位移曲线可以知道，最大的侧向水平位移发生在靠近地表处的土层当中，达到220～320 mm。侧向水平位移与时间的关系如下：随时间的推移，在真空阶段侧向水平位移不管是在加载期间还是在预压期间，都增长得很快；但是在真空堆载阶段，加载期间软土的侧向水平位移发生得很快，而进入预压期以后，软土的侧向水平位移变化却很小。原因有两个：一是这种软土地基在加载期间固结得就比较快，相应的侧向水平位移很快趋于稳定，若将两个阶段合为一起，则该处软土水平位移曲线亦属于浅层类型；二是堆载作用的影响超过真空作用的影响而占据主导地位后，控制好路堤的填筑速率，沉降在侧向产生的水平位移量就不太大，说明太沙基一维固结理论只考虑土体单向变形，没有考虑侧向变形，用于处理这种软基是有一定道理的，所以工程界一直都沿用太沙基一维固结理论进行设计计算。

④ 比较图 3-12(a)和图 3-12(b)中曲线发现:线路前进方向左、右两侧侧向水平位移曲线有些差异,在某些深度处差异还很大,比如 7 m 处。勘察地质资料表明,地基土体中左、右两侧淤泥质土土层厚度差异比较大。淤泥质土土层厚,竖向和侧向位移都大,反之则小。

⑤ 由图 3-12 可以看出,自地表向下 16 m 深度以下的土体中已经基本没有侧向水平位移的发生。原因有二:一是深度 16 m 以下的土体,真空作用和堆载作用对其影响非常微小,可以忽略不计。深度 16 m 大致为塑料排水板埋设的深度,或许就是真空预压法在该土层中影响的极限深度,也证明了真空作用至少可以影响到塑料排水板的底端。路堤的填土堆载本来就不大,所以影响的深度也有限。二是深度 16 m 以下土体的物理性质基本上一致,这与勘察资料相符合。

(6) 真空度变化分析

①真空度在塑料排水板和地基土中随时间的变化规律。现场真空度的监测是采用真空排水预压法工程监测的主要内容,可为工程监测分析、设计以及理论研究提供第一手资料。但现有真空度测试技术仍存在不少问题,比如对地下水位以上真空度测点,真空表读数实际反映的是该处的超孔隙水压力;而对地下水位以下的真空度测点,真空表读数反映的并不是该处的超孔隙压力。虽然如此,现场量测真空度仍能定性地说明一些问题,比如真空预压的影响深度。塑料排水板中、地基土中真空度随膜下真空度变化及其与时间的变化曲线如图 3-13 所示。由图 3-13(a)可知,抽真空后,塑料排水板中真空度上升很快,时间滞后现象不明显,其变化规律与膜下真空度几乎一致;由图 3-13(b)可知,地基土中真空度在保持膜下真空度达到 80 kPa 后,随时间的增大呈缓慢增加的趋势。造成该现象的原因是:真空度在竖向排水通道中的传递很顺畅,真空度在地基土中的传递不顺畅。

② 真空度沿深度随时间的变化规律。抽真空后,塑料排水板、地基土中真空度与深度的变化曲线如图 3-14 所示。由图 3-14 可知,抽真空时,真空度在塑料排水板中随深度增大而逐渐减小,在地基土层 15 m 深度范围内减小较快,更深则变化微小。影响深度达到了塑料排水板底部,18 m 深度处真空度仅有

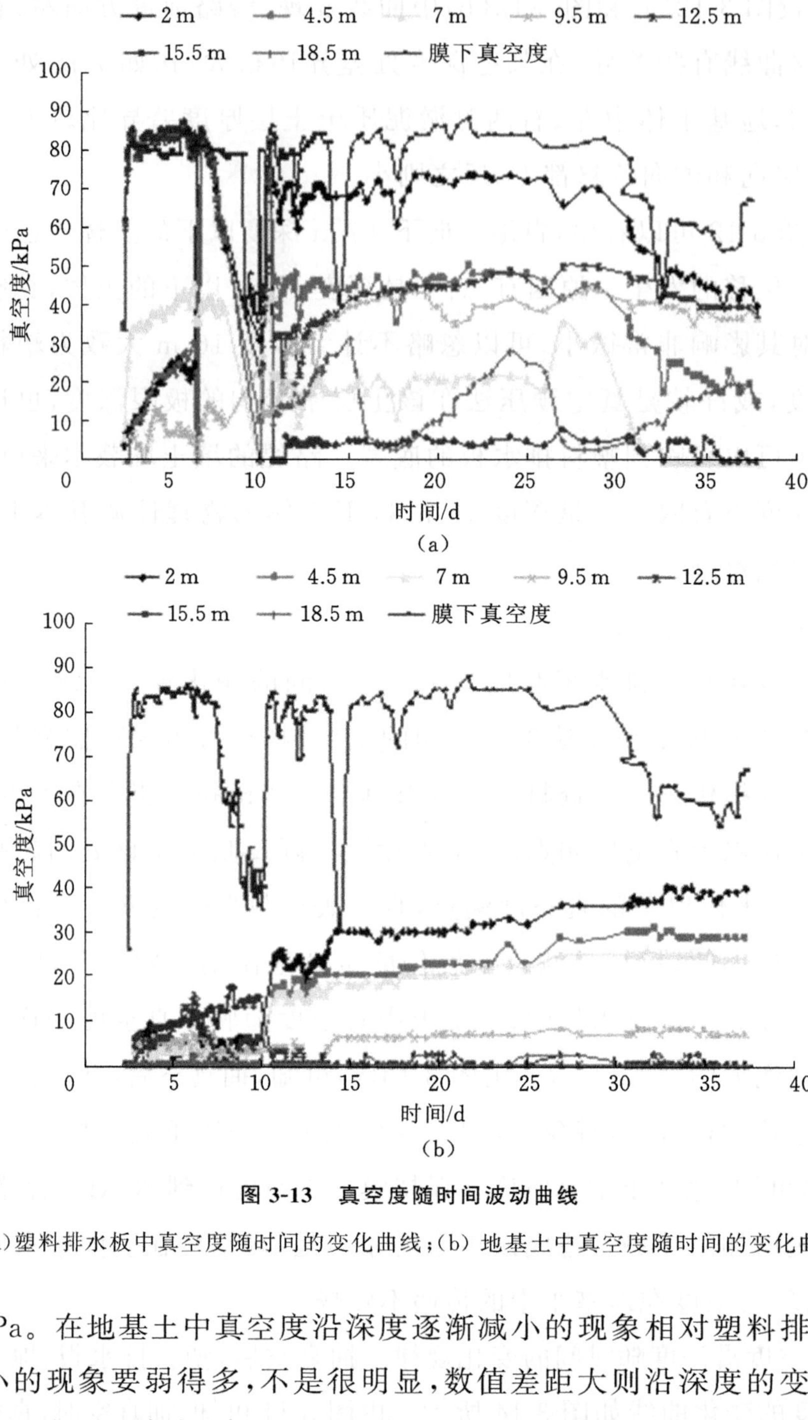

图 3-13　真空度随时间波动曲线

(a)塑料排水板中真空度随时间的变化曲线;(b) 地基土中真空度随时间的变化曲线

5～10 kPa。在地基土中真空度沿深度逐渐减小的现象相对塑料排水板中真空度减小的现象要弱得多,不是很明显,数值差距大则沿深度的变化就更微小。但有一点可以肯定,真空预压的加固影响深度至少可以达到塑料排水板的深度,即 17 m 深度处,这与前面地基土体侧向水平位移分析的结果相同。

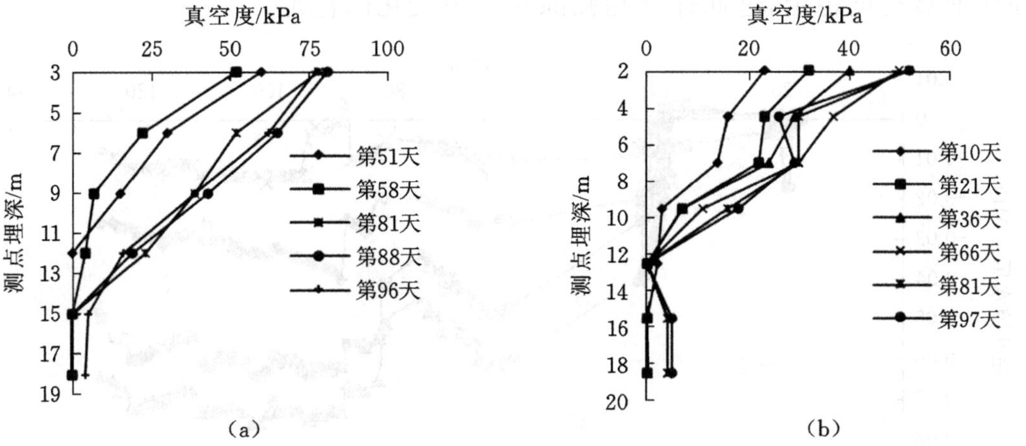

图 3-14　K0＋342 **真空度沿深度随时间变化曲线**

(a)塑料排水板中；(b)地基土中

(7) 超孔隙水压力分析

选取有代表性的测点进行分析说明。图 3-15 所示为 K0＋342 中2 m、8 m、16 m、18 m 深度处的超孔隙水压力变化曲线。由图 3-15 可知，开始抽真空后几天，土体中有的测点孔隙水压力有不同程度的上升或者稳定不变，有的测点超孔隙水压力随膜下真空度的变化不是十分明显。在经历了前述阶段之后，孔隙水压力下降得比较快，5 d 内 K0＋342 断面超孔隙水压力下降了 17～40 kPa，K0＋448 断面内超孔隙水压力下降了 17～64 kPa。之后，超孔隙水压力趋于稳定。值得注意的是，第 29～36 天，通过观测仪表发现膜下真空度有所下降，超孔隙水压力有一定程度的上升。在加强射流泵抽真空作用以后，膜下真空度重新回到 80 kPa，超孔隙水压力又继续下降。正式进行路堤填筑时，K0＋342 断面 16 m 深度内超孔隙水压力下降了 35～78 kPa，K0＋448 断面 18 m 深度内孔隙水压力下降了 40～73 kPa。填筑路堤后，各测点超孔隙水压力又上升，但上升幅度不大。K0＋342 和 K0＋448 断面超孔隙水压力最大上升量分别为 23 kPa 和 31 kPa，均出现在 6～10 m 深度的软土层中。试验表明，孔隙水压主要随真空度的波动而波动，真空度降低，负的超孔隙水压力回升。但是在抽真空初始阶段，为什么土体变形速率很大而超孔压却基本没有变化，甚至有些测点孔压有所上升呢？这是个值得探讨的问题。超孔隙水压力的转化是土体有效应力增长的来源，这说明要取得软基处理的成功，必须保证真空度稳定，进而保证超孔隙水压力变化的稳定。

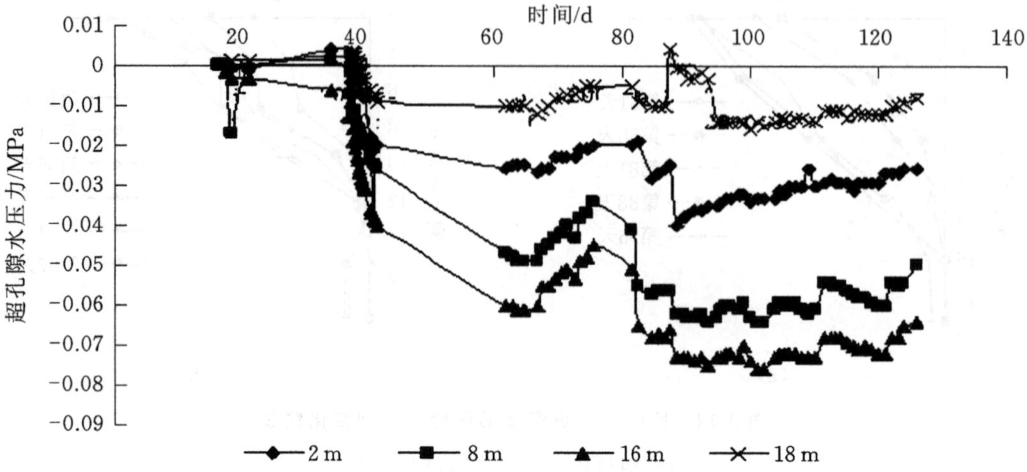

图 3-15 K0＋342 **超孔压与时间变化曲线**

（8）地下水位及出水量的分析

图 3-16 所示为水位随时间变化曲线，图 3-17 所示为不同地点水位下降曲线。由图 3-16、图 3-17 可知，抽真空后，各测点水位都有不同程度的下降；随时间推移，出水量有所减小，各测点水位线又有回升的趋势。地下水位下降，有一定厚度的土体由水下变为水上。在自重应力的计算过程中，容重从浮容重变为湿容重或者饱和容重。作者认为用饱和容重更为妥当，因为抽真空后，土体流失的是自由水，结合水并不会流失，结合水占据了几乎所有的孔隙，土体依然处于饱和状态。由前面的室内试验也可以看出，抽真空后土体基本还是处于饱和状态。在真空预压工法下，地下水位下降，部分地下水位以下土层变为地下水位以上土层，其容重增大，有“堆载”的作用。这应该能为真空预压理论研究提供一些数据资料的支持。靠路基坡脚处水位下降程度最大，约 1.5 m，但抽真空水平影响范围可达到约 20 m。

有文献表明，一台射流泵可以影响加固的面积为 600～1500 m^2。该段软基面积约 7000 m^2，也许是密封效果比较好，周围地质条件也很适合，只用了 3 台 7.5 kW 射流泵，就达到并能维持膜下真空度 80 kPa。出水量统计如图 3-18 所示。

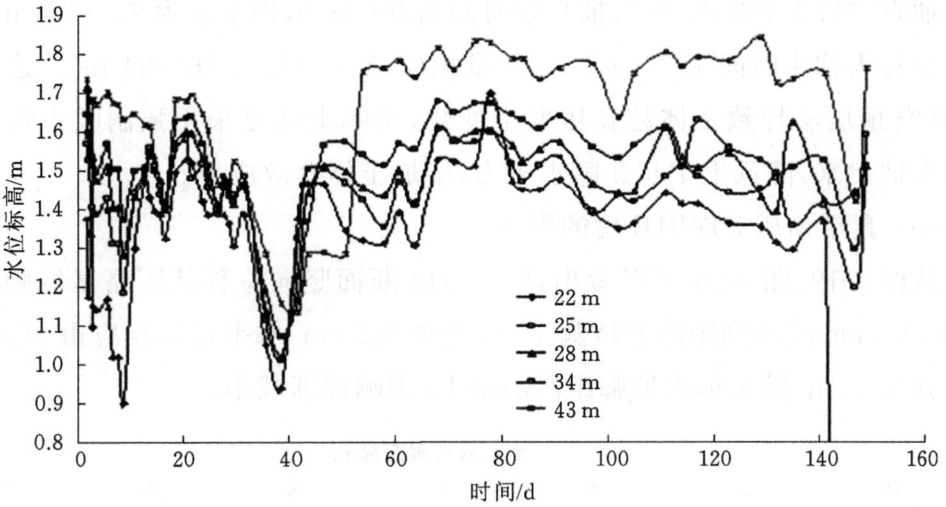

图 3-16　水位随时间变化曲线

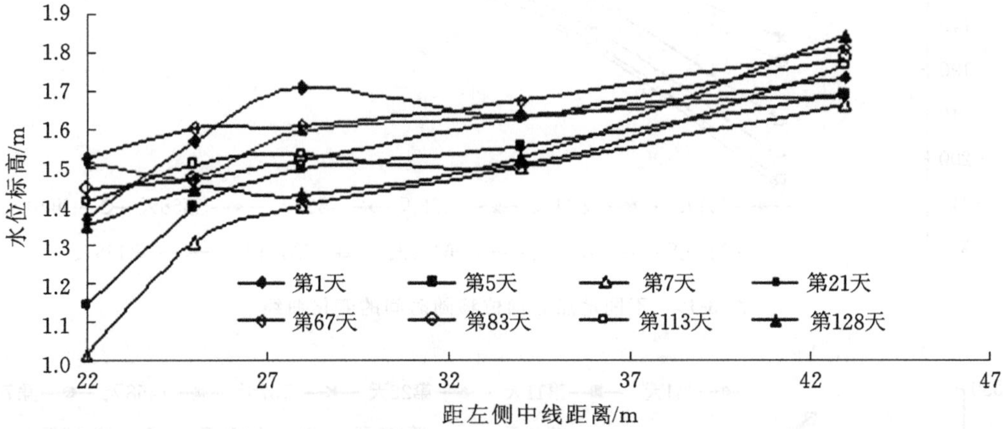

图 3-17　不同地点水位下降曲线

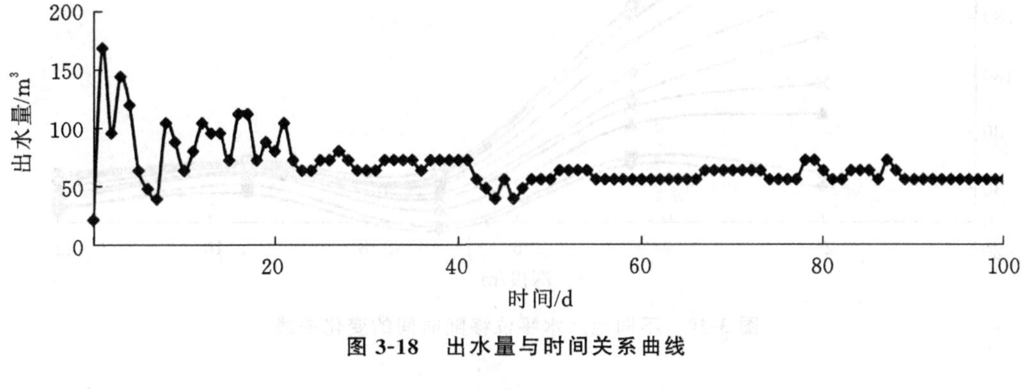

图 3-18　出水量与时间关系曲线

抽真空后1个月内，每天抽真空时间为9～18 h，出水量为72～168 m³/d。后减少每天抽水时间至7～8 h，出水量相应减少到每天56～64 m³。这也表明，真空预压法导致土体超孔压发生变化，实际上就是采用强制吸力将土体中的水抽出来，降低土中超孔隙水压力，增加土体有效应力。

（9）真空预压对周围环境的影响

从图3-19、图3-20可以看出，K0＋342断面竖向位移从距路基坡脚2 m处的32.3 cm减小到距路基坡脚12 m处的2.2 cm，水平位移相应由30.0 cm减小到3.8 cm，随着远离坡脚距离的增大，影响逐渐减小。

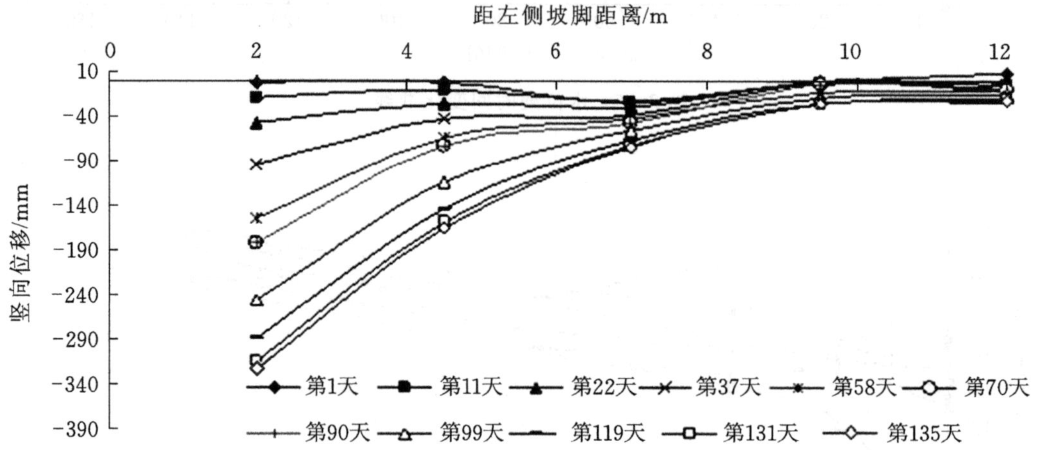

图3-19　不同地点竖向位移随时间的变化曲线

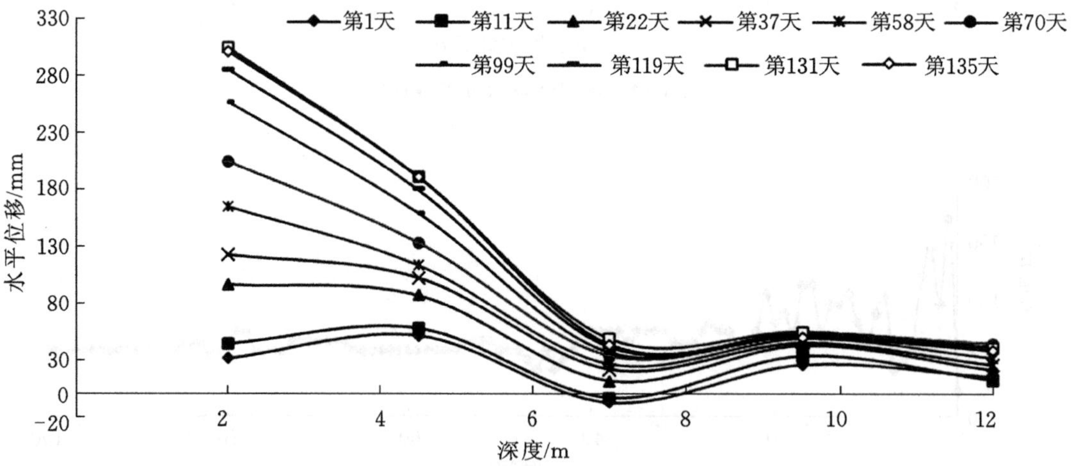

图3-20　不同地点水平位移随时间的变化曲线

3.3　有限元法模拟固结过程

3.3.1　计算模型概况

3.3.1.1　材料参数

因为 K0＋342 断面处的淤泥质黏土层具有高压缩性、低强度且相对较厚，是固结沉降的主要来源，所以计算模型的原型取该断面。虽然 K0＋342 断面处的土层不是水平分布的，但分界较清楚，为了计算建模方便，将真空膜下土层分为四层，分别是黏土层、淤泥质黏土层、粉质黏土层和粉砂层，各土层的计算参数如表 3-6 所示。因表 3-1 所列第 3 地层中 5 个子地层相对较薄，且埋藏很深，对固结沉降影响不大，故这里将 5 个子地层合并为一个地层，各参数取表 3-1 中的 5 个子地层的平均值。利用塑料排水板通过当量直径[123]和有效排水区直径[124]的计算代替砂井，再将砂井地基等效为砂墙，在地基中设置 6 道砂墙。

表 3-6　各土层的计算参数

土层	厚度 h/m	孔隙比 e	容重 γ /(kN/m³)	压缩模量 E_s /MPa	渗透系数 $k_{h100\sim200}$ /(10^{-7} cm/s)	渗透系数 $k_{v100\sim200}$ /(10^{-7} cm/s)	侧压力系数 K_0	泊松比 ν	含水量 w/%	干密度 ρ_d /(kg/m³)
黏土	2	0.89	19.2	4.61	0.4	0.52	0.54	0.35	31.9	1456
淤泥质粉质黏土	17	1.23	17.8	4.35	1.44	0.68	0.54	0.35	44.4	1233
粉质黏土	1	0.87	19.0	7.64	1.72	0.97	0.33	0.25	31.5	1445
粉砂	8	0.65	19.5	12.00	6000	6000	0.33	0.25	22.0	1598

3.3.1.2　计算模型的计算范围

计算模型的几何参数基本上与原型施工时相同，考虑到真空预压对水平向环境的影响，计算模型水平向的影响范围取自路基底缘向外延伸 25 m；考虑到真空预压的影响深度，取基本不受影响的粉砂层的厚度为 8 m。具体的计算模型如图 3-21 所示。

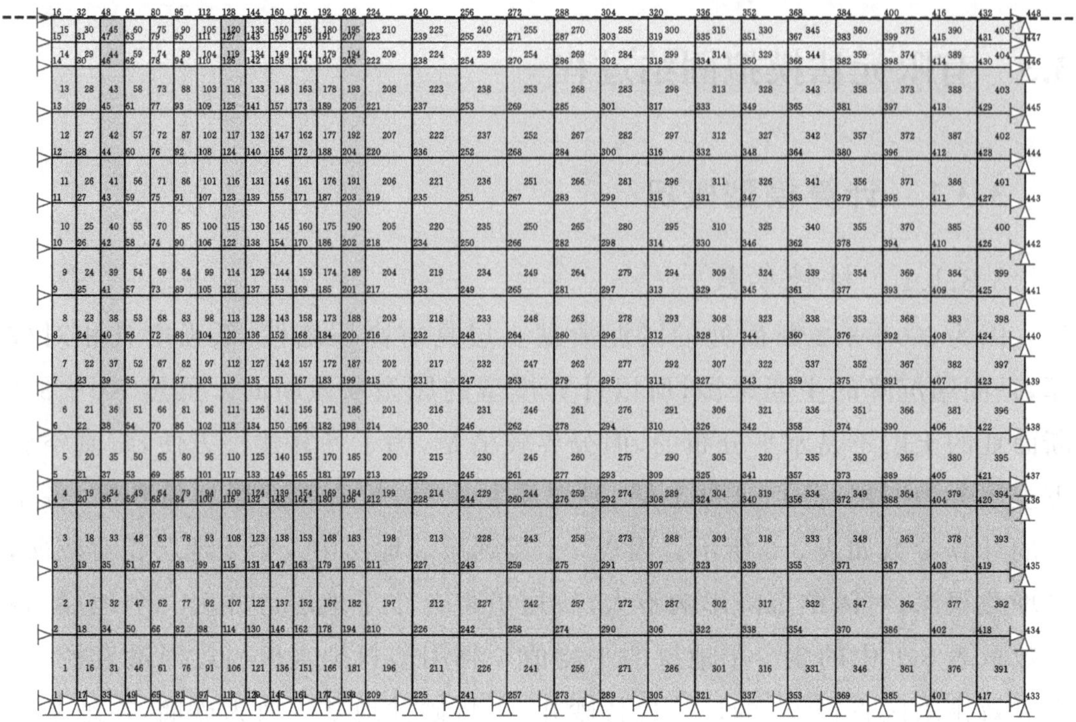

图 3-21　计算模型

3.3.1.3　载荷步和边界条件

为了计算准确，共分两个载荷步。第一个载荷步是施加初始地应力，将重力载荷施加于土体，并施加符合工程实际情况的边界条件，计算得到重力荷载下的应力场，再将得到的应力场定义为初始应力场；第二个荷载步是施加瞬时的真空负压和反映真空预压初始阶段的正压，加载时间 56 d，采用自动时间步长。在各个荷载步中，位移边界条件始终不变，在图 3-21 中，左边边界限制水平位移，右边边界限制水平位移和竖向位移；底面限制水平位移和竖向位移，地表面为自由位移。至于孔隙边界条件，左、右边边界和底面在所有荷载步中都是不透水边界；而地表面中路基加固范围内存在真空负压和水位下降所引起的正压，地表面中的自由地表面保持孔压为零。

3.3.1.4　有限元模型中的材料本构关系

本计算模型计划比较材料本构关系对计算结果的影响，故采用了两套计算方案。第一套计算方案假设所有的材料都是弹性的；第二套计算方案假设黏土、淤泥质粉质黏土、粉质黏土和粉砂的本构关系都是修正剑桥模型，参数按试验和经验综合分析得到。

3.3.2　不同模型计算结果比较

图 3-22 所示为土体采用弹性模型时地基在真空预压结束时的位移图，图 3-23 所示为土体采用修正剑桥模型时地基在真空预压结束时的位移图。

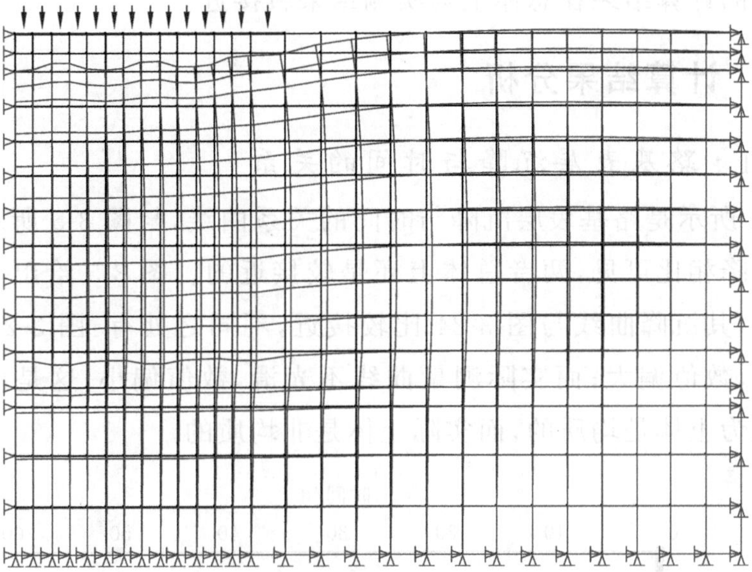

图 3-22　地基的最终位移(弹性模型)

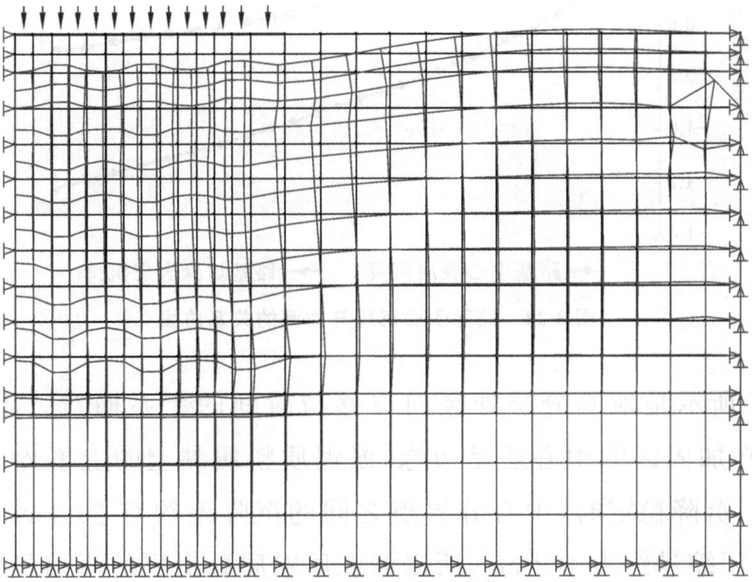

图 3-23　地基的最终位移(修正剑桥模型)

由图 3-22、图 3-23 可知，利用弹性模型计算的最终位移最大值发生在路基的中心，其值为 1.22 m；利用修正剑桥模型计算的最终位移最大值也发生在路基中心，其值为 2.02 m。路基中心沉降实际测量值为 0.82 m，由此可知，第二套计算方案的计算结果与实际测量结果相差太远，是不适合的，而第一套计算方案的计算结果在总体上与实测结果较接近。

3.3.3 计算结果分析

3.3.3.1 路基表层沉降与时间的关系

图 3-24 所示是路基表层沉降与时间的关系曲线，与图 3-5 所示真空预压阶段实测沉降相比可见，两者总体上还是较接近的。图 3-5 给出了路基顶面的中心沉降，其沉降曲线与图 3-24 比较接近，不同之处有：图 3-24 的沉降曲线相对光滑，数值偏大；而实际测量曲线不光滑，数值偏小，这是由于数值计算过程中认为土体是均质的，而实际土体是非均质的。

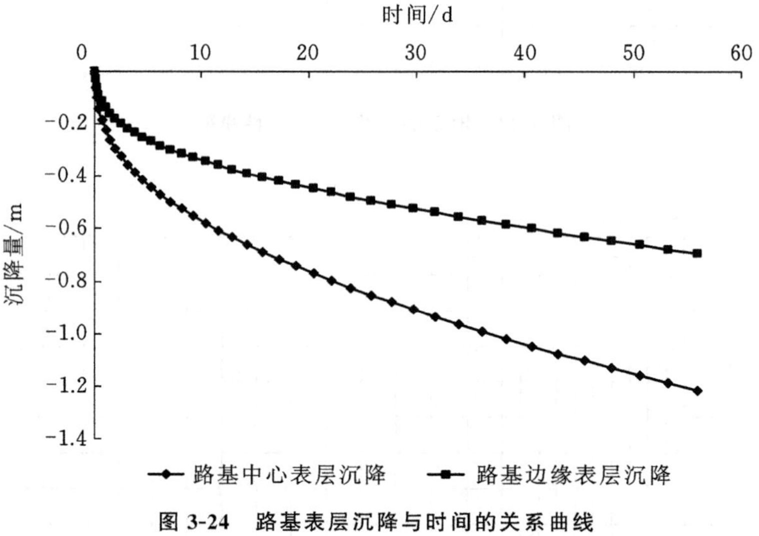

图 3-24 路基表层沉降与时间的关系曲线

图 3-25 所示是地基分层处竖向位移与时间的关系曲线。由图 3-25 可知，无论是在加固区的中心还是边缘，淤泥质粉质黏土的上下界面的沉降值相差都最大，沉降稳定时，中心分界点之间的沉降差约有 66.4 cm，而路基下中心点总的压缩量约为 122 cm，所以淤泥质粉质黏土层的压缩量约占总压缩量的54.4%，这与淤泥质粉质黏土的位置和高压缩性是有关的。

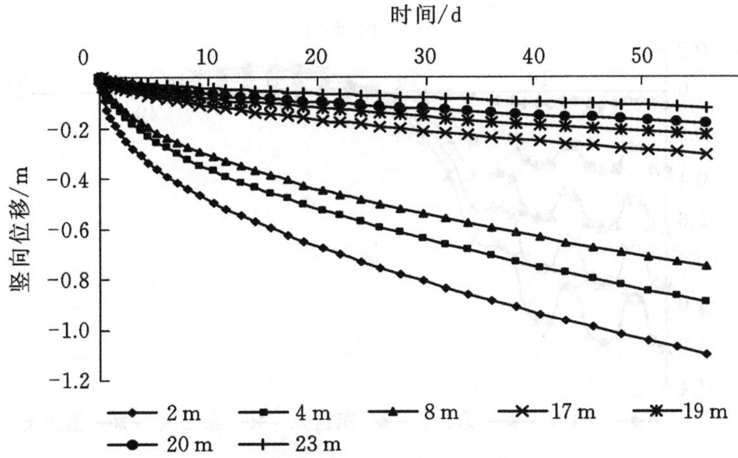

图 3-25　地基分层处竖向位移与时间的关系曲线

路基边缘(加固区外侧)不同深度处的水平位移与时间的关系曲线，如图 3-26 所示。由图 3-26 可知，6 m 深度范围内各点都向加固区移动，最大的收缩水平位移发生在地表，数值和趋势与实测结果都比较吻合。

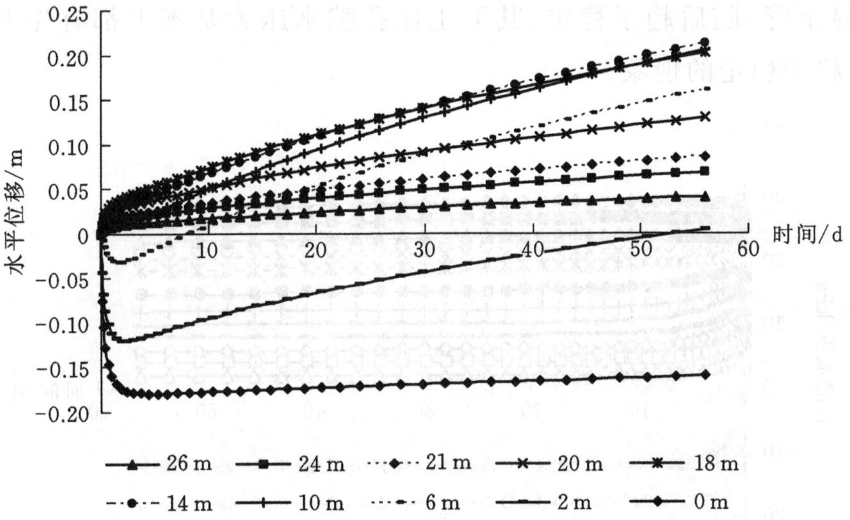

图 3-26　路基边缘水平位移与时间的关系曲线

3.3.3.2　路基的剖面沉降

在初始真空预压阶段，剖面沉降在路基范围之内比较均匀，之后由于地下水位下降，土的容重从浮容重转变为饱和容重，相当于竖向有效应力增加了，导致沉降呈盆形，如图 3-27 所示。

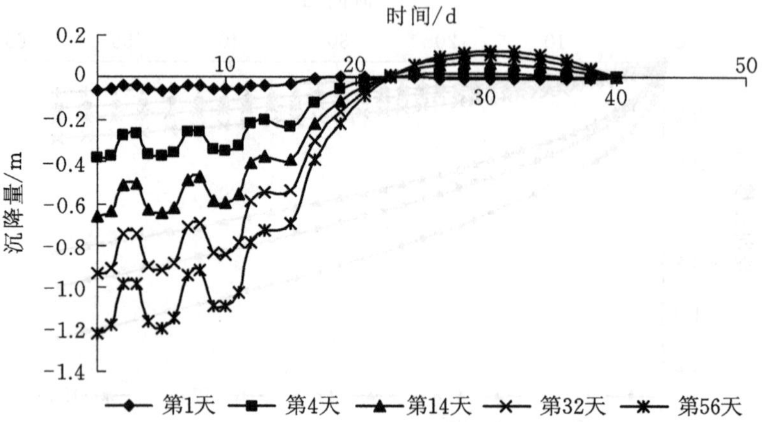

图 3-27　剖面沉降曲线

3.3.3.3　孔隙水压力分布

路基中心孔隙水压沿深度随时间的变化曲线如图 3-28 所示。从图 3-28 中可以看到孔隙水压变化规律：在抽真空初期，4 m 深度范围的土体孔隙水压力有明显下降，随后趋于稳定；其下土体孔隙水压力基本上都有先上升再下降，最终趋于稳定的现象。

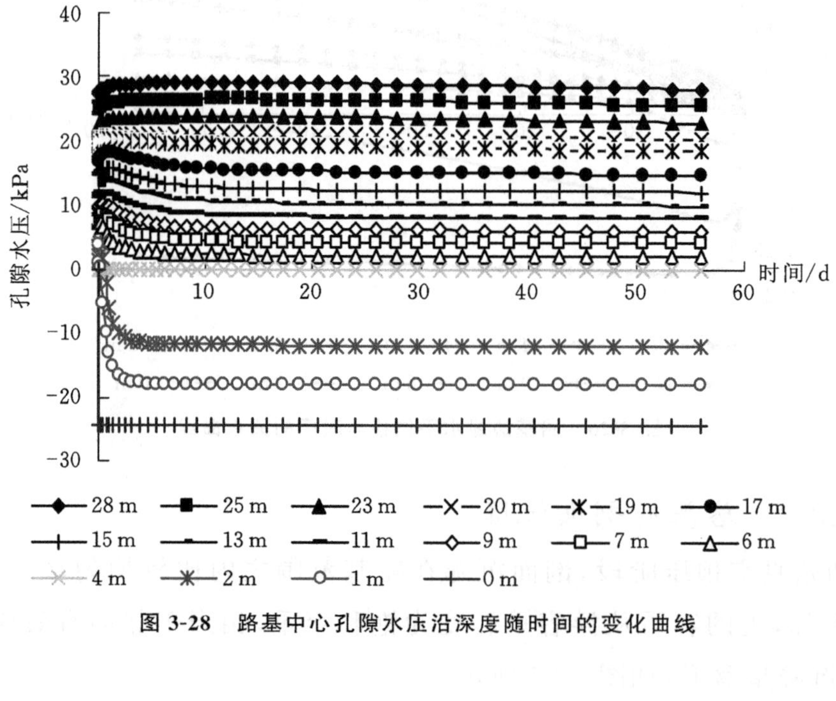

图 3-28　路基中心孔隙水压沿深度随时间的变化曲线

3.4　本章小结

本章设计和实施真空堆载联合预压法加固高速铁路软基现场试验方案，得到以下结论：

（1）抽真空第 1～56 天为真空预压时间段，历时 56 d，之后为真空堆载联合预压时间段。在真空预压时间段，地基沉降变化与膜下真空度能够大致对应起来。抽真空后 8 h 时间内膜下真空度就达到了设计要求的 80 kPa，从抽真空开始之后 5 d 的观测资料来看，地基沉降速率非常大，可达 4～6 cm/d。过了这 5 天，沉降速率开始逐渐变小。值得注意的是，通过对真空表的观测发现，有两个时间段膜下真空度有所降低。这两个时间段为抽真空第 6～10 天和第 29～36 天。在这两个时间段内，膜下真空度下降，沉降速率明显减小。再继续抽真空，膜下真空度重新达到 80 kPa 后，沉降速率又变大。在真空度上升期间，沉降速率基本随真空度的上升而加快，这相当于土的荷载试验中的直线阶段。

（2）沉降沿路基横断面的分布比较均匀。沉降沿路基横断面基本上表现为整体下沉。距路基中线越远，与路基中心的差异沉降越大；反之，则越小。沉降随深度的变化逐渐减小，不同深度处的沉降随时间和荷载的增加而增加，只是增加的幅度越来越小，增加的速率越来越慢。

（3）真空预压法基本使软基土体发生内向的收缩变形，这可以防止土体内产生剪切破坏面而发生剪切破坏，从而失去稳定。这对于软弱路基的稳定性是有利的，由此可知真空荷载不必分级施加。但是，地表的侧向水平位移发展得过大必然会对周围环境造成恶劣的影响。自地表向下 16 m 深度以下的土体中已经基本没有侧向水平位移。对于深度 16 m 以下的土体，真空作用和堆载作用影响非常微小，其影响可以忽略不计了。16 m 大致为塑料排水板埋设的深度，这应该就是真空预压法在该土层中影响的极限深度，也从旁论证了真空作用至少可以影响到塑料排水板的底端。

（4）抽真空时，真空度在塑料排水板中沿深度逐渐减小，地基土层 15 m 深度范围内减小较快，更深则变化微小。影响深度达到了塑料排水板底部，

18 m 深度处真空度仅有 5～10 kPa。在地基中真空度沿深度增加而减小的现象比塑料排水板中的减小现象弱得多，可以肯定，真空预压的加固影响深度至少达到了塑料排水板的深度，即 17 m 的深度处。

（5）抽真空前 4～6 天，地基土体中有的测点超孔隙水压力有瞬间上升现象，大部分测点基本维持恒定或者变化幅度不大。之后，孔隙水压力下降非常快。靠路基坡脚处水位下降值最大，约 1.5 m，但抽真空水平影响范围可达到约 20 m。

（6）通过对土体固结过程进行有限元模拟计算，将计算结果与实测值进行对比，发现结果基本吻合。

第4章 真空预压数值分析

4.1 引言

本章旨在阐述有限单元法在真空预压工法下地基土体固结计算中的基本程序；重点探讨在该工法下，土体固结数值计算中初始条件和边界条件的处理方法。

4.2 真空预压下土体固结数值分析微分方程

动量守恒和质量守恒方程是渗流问题的两个基本方程。通过简化，动量守恒方程可变为达西定律的形式。当土中渗流为稳定渗流时，将达西定律代入质量守恒方程，得到基本方程：

$$\frac{\partial}{\partial x}\left(k_x \frac{\partial p}{\partial x}\right)+\frac{\partial}{\partial y}\left(k_y \frac{\partial p}{\partial y}\right)+\frac{\partial}{\partial z}\left(k_z \frac{\partial p}{\partial z}\right)=0 \tag{4-1}$$

式中 k_x, k_y, k_z——渗透系数；

p——孔压。

若地基均质，则 $k_x=k_y=k_z$，上式转化为拉普拉斯方程：

$$\frac{\partial^2 p}{\partial x^2}+\frac{\partial^2 p}{\partial y^2}+\frac{\partial^2 p}{\partial z^2}=0 \tag{4-2}$$

采用有限单元法求解渗透问题的步骤如下：

(1) 将所求区域离散成很多单元的集合体，单元和单元之间通过结点相连。结点是单元之间作用传递的桥梁。

(2) 选合适的形函数，形函数能表示孔压在每个单元体内的分布规则。同时使单元体内任意一点的孔压可用单元结点上的孔压来描述。

(3) 用变分法、加权余量法等方法，采用渗流微分方程和已确定的初始及边界条件，建立单元支配方程，方程要满足单元结点孔压要求。

(4) 组装第(3)步建立的单元支配方程，建立有限元方程组，有限元方程组的未知数为所有结点孔压。

(5) 求解方程组，得到的未知数即为结点孔压值，进而能知道所有区域内的孔压分布情况。

4.3 比奥固结方程

继太沙基一维固结微分方程之后，比奥(Biot)推导了三维固结方程，三维固结机理比较复杂，推导过程比较严格，该方程能准确反映孔压消散与土骨架变形的关系。其假设条件如下：

(1) 土骨架变形的应力应变关系属于线弹性关系；

(2) 土体变形属于小变形范畴；

(3) 土体颗粒和土体孔隙中的水是不可压缩的；

(4) 孔隙水在土体孔隙中的渗流服从达西定律。

在土体中取一单元体，只考虑重力，坐标以向上为正，以压力为正，三维平衡微分方程：

$$\left.\begin{aligned}\frac{\partial \sigma_{x}}{\partial x}+\frac{\partial \tau_{xy}}{\partial y}+\frac{\partial \tau_{zx}}{\partial z}=0\\\frac{\partial \tau_{xy}}{\partial x}+\frac{\partial \sigma_{y}}{\partial y}+\frac{\partial \tau_{yz}}{\partial z}=0\\\frac{\partial \tau_{zx}}{\partial x}+\frac{\partial \tau_{yz}}{\partial y}+\frac{\partial \sigma_{z}}{\partial z}=-\gamma\end{aligned}\right\} \tag{4-3}$$

式中 γ——容重，采用总应力。

根据有效应力原理，总应力为有效应力与孔压 u 之和，上式可写成：

$$\left.\begin{aligned}\frac{\partial \sigma'_{x}}{\partial x}+\frac{\partial \tau_{xy}}{\partial y}+\frac{\partial \tau_{zx}}{\partial z}+\frac{\partial u}{\partial x}=0\\\frac{\partial \tau_{xy}}{\partial x}+\frac{\partial \sigma'_{y}}{\partial y}+\frac{\partial \tau_{yz}}{\partial z}+\frac{\partial u}{\partial y}=0\\\frac{\partial \tau_{zx}}{\partial x}+\frac{\partial \tau_{yz}}{\partial y}+\frac{\partial \sigma'_{z}}{\partial z}+\frac{\partial u}{\partial z}+\gamma=0\end{aligned}\right\} \tag{4-4}$$

式中　$\frac{\partial u}{\partial x},\frac{\partial u}{\partial y},\frac{\partial u}{\partial z}$——各个方向的单位渗透力。

通过物理方程：$\{\sigma\}=\boldsymbol{D}\{\varepsilon\}$可知，可用应变来表示应力。由假设条件可以知道，土骨架是线弹性体，服从广义虎克定律，则 $\boldsymbol{D}$ 为弹性矩阵式，可写成：

$$\left.\begin{aligned}\sigma'_{x}&=2G\left(\frac{\nu}{1-2\nu}\varepsilon_{V}+\varepsilon_{x}\right)\\\sigma'_{y}&=2G\left(\frac{\nu}{1-2\nu}\varepsilon_{V}+\varepsilon_{y}\right)\\\sigma'_{z}&=2G\left(\frac{\nu}{1-2\nu}\varepsilon_{V}+\varepsilon_{z}\right)\\\tau_{yz}&=G\gamma_{yz}\\\tau_{zx}&=G\gamma_{zx}\\\tau_{xy}&=G\gamma_{xy}\end{aligned}\right\}\tag{4-5}$$

式中　G——剪切模量；

ν——泊松比。

若土骨架不是线弹性体，而是弹塑性体，则将 $\boldsymbol{D}$ 改为弹塑性矩阵。采用几何方程，用位移表示应变。在小变形假定下的几何方程：

$$\left.\begin{aligned}\varepsilon_{x}&=-\frac{\partial w_{x}}{\partial x}\\\varepsilon_{y}&=-\frac{\partial w_{y}}{\partial y}\\\varepsilon_{z}&=-\frac{\partial w_{z}}{\partial z}\\\gamma_{yz}&=-\left(\frac{\partial w_{y}}{\partial z}+\frac{\partial w_{z}}{\partial y}\right)\\\gamma_{zx}&=-\left(\frac{\partial w_{z}}{\partial x}+\frac{\partial w_{x}}{\partial z}\right)\\\gamma_{xy}&=-\left(\frac{\partial w_{x}}{\partial y}+\frac{\partial w_{y}}{\partial x}\right)\end{aligned}\right\}\tag{4-6}$$

式中　w——位移。

将式(4-6)代入式(4-5)，再代入式(4-4)，就得出以位移和孔压表示的平衡微分方程：

$$\left.\begin{aligned}-G\,\nabla^2 w_x-\frac{G}{1-2\nu}\cdot\frac{\partial}{\partial x}\left(\frac{\partial w_x}{\partial x}+\frac{\partial w_y}{\partial y}+\frac{\partial w_z}{\partial z}\right)+\frac{\partial u}{\partial x}=0\\-G\,\nabla^2 w_y-\frac{G}{1-2\nu}\cdot\frac{\partial}{\partial y}\left(\frac{\partial w_x}{\partial x}+\frac{\partial w_y}{\partial y}+\frac{\partial w_z}{\partial z}\right)+\frac{\partial u}{\partial y}=0\\-G\,\nabla^2 w_z-\frac{G}{1-2\nu}\cdot\frac{\partial}{\partial z}\left(\frac{\partial w_x}{\partial x}+\frac{\partial w_y}{\partial y}+\frac{\partial w_z}{\partial z}\right)+\frac{\partial u}{\partial z}=-\gamma\end{aligned}\right\}\tag{4-7}$$

式中　∇^2——拉普拉斯算子，$\nabla^2=\frac{\partial^2}{\partial x^2}+\frac{\partial^2}{\partial y^2}+\frac{\partial^2}{\partial z^2}$。

此外，由达西定律可知，通过微小土体 x、y、z 面上的单位流量分别为：

$$\left.\begin{aligned}q_x=-\frac{K_x}{\gamma_w}\frac{\partial u}{\partial x}\\q_y=-\frac{K_y}{\gamma_w}\frac{\partial u}{\partial y}\\q_z=-\frac{K_z}{\gamma_w}\frac{\partial u}{\partial z}\end{aligned}\right\}\tag{4-8}$$

式中　K_x，K_y，K_z——渗透系数；

γ_w——水容重。

根据饱和土的连续性，即单位时间单元土体的压缩量等于流过单元体表面的流量变化，即：

$$\frac{\partial}{\partial t}(\varepsilon_V\mathrm{d}x\,\mathrm{d}y\,\mathrm{d}z)=\frac{\partial(q_x\mathrm{d}y\,\mathrm{d}z)}{\partial x}\mathrm{d}x+\frac{\partial(q_y\mathrm{d}z\,\mathrm{d}x)}{\partial y}\mathrm{d}y+\frac{\partial(q_z\mathrm{d}x\,\mathrm{d}y)}{\partial z}\mathrm{d}z\tag{4-9}$$

由此可得：

$$\frac{\partial\varepsilon_V}{\partial t}=\frac{\partial q_x}{\partial x}+\frac{\partial q_y}{\partial y}+\frac{\partial q_z}{\partial z}\tag{4-10}$$

将式(4-8)代入上式得：

$$\frac{\partial\varepsilon_V}{\partial t}=-\frac{1}{\gamma_w}\left(K_x\frac{\partial^2 u}{\partial x^2}+K_y\frac{\partial^2 u}{\partial y^2}+K_z\frac{\partial^2 u}{\partial z^2}\right)\tag{4-11}$$

若土的渗透性各向同性，即 $K_x=K_y=K_z=K$，并将 ε_V 用位移表示出来，上式可写成：

$$-\frac{\partial}{\partial t}\left(\frac{\partial w_x}{\partial x}+\frac{\partial w_y}{\partial y}+\frac{\partial w_z}{\partial z}\right)+\frac{K}{\gamma_w}\nabla^2 u=0\tag{4-12}$$

式(4-12)为以位移和孔压表示的连续方程。饱和土体中任一点的孔压和位移随时间的变化,须同时满足平衡方程式(4-7)和连续方程式(4-12),这两式就是比奥固结方程。它是由四个方程组成的偏微分方程组,有 4 个未知函数 u、w_x、w_y、w_z,这些未知函数都是坐标 x、y、z 和时间 t 的函数。若初始边界条件复杂,基本无法求解这个方程。只有在简单情况下,才能推出解析解。因此,比奥固结方程自 1941 年建立以来,一直没有在工程中获得广泛应用。随着计算机技术的发展,这个理论才逐渐在工程中获得广泛应用。

对于平面变形问题,比奥固结方程可以表示成:

$$\left.\begin{aligned} -G\,\nabla^2 w_x+\frac{G}{1-2\nu}\cdot\frac{\partial\varepsilon_V}{\partial x}+\frac{\partial u}{\partial x}&=0\\ -G\,\nabla^2 w_z+\frac{G}{1-2\nu}\cdot\frac{\partial\varepsilon_V}{\partial z}+\frac{\partial u}{\partial z}&=-\gamma\\ \frac{\partial\varepsilon_V}{\partial t}+\frac{K}{\gamma_w}\nabla^2 u&=0 \end{aligned}\right\} \tag{4-13}$$

式中,$\varepsilon_V=-\left(\frac{\partial w_x}{\partial x}+\frac{\partial w_z}{\partial z}\right)$为体应变,$\nabla^2=\frac{\partial^2}{\partial x}+\frac{\partial^2}{\partial z}$为拉普拉斯算子。

下面给出饱和土体平面变形问题的有限单元支配方程:

对所有位移未知的结点建立平衡方程,得平衡方程组,以矩阵表示成:

$$\overline{\boldsymbol{K}}\boldsymbol{\delta}+\boldsymbol{K}'\boldsymbol{\beta}=\boldsymbol{R} \tag{4-14}$$

式中　$\overline{\boldsymbol{K}}$——单元的劲度矩阵;

$\boldsymbol{\delta}$——单元的结点位移矩阵;

$\boldsymbol{K}'$——单元结点孔隙压力所对应的那部分结点力矩阵;

$\boldsymbol{\beta}$——单元结点超静孔隙压力矩阵;

$\boldsymbol{R}$——等效结点荷载矩阵。

对所有结点写出连续性方程,得连续性方程组,以矩阵表示成:

$$\dot{\boldsymbol{K}}\boldsymbol{\delta}_t+\widetilde{\boldsymbol{K}}\boldsymbol{\beta}_t=\boldsymbol{S} \tag{4-15}$$

其中:

$$\boldsymbol{S}=\dot{\boldsymbol{K}}\cdot\boldsymbol{\delta}_{t-\Delta t}$$

式中　$\dot{\boldsymbol{K}}$——结点位移所对应的“结点领域”体积的改变量叠加产生的矩阵;

$\widetilde{\boldsymbol{K}}$——结点孔隙压力差所产生的水力坡度在 Δt 时间内引起的从“结点领域”边界排出的水量叠加产生的矩阵；

$\boldsymbol{\delta}_{\mathrm{t}}, \boldsymbol{\beta}_{\mathrm{t}}$——$t$ 时刻单元结点位移和单元结点超静孔隙压力矩阵；

$\boldsymbol{S}$——前一时刻各结点“全领域”的体积压缩量。

联立式(4-14)与式(4-15)，得：

$$\begin{bmatrix} \overline{K} & K' \\ K'^{\mathrm{T}} & \widetilde{K} \end{bmatrix} \begin{Bmatrix} \delta \\ \beta \end{Bmatrix} = \begin{Bmatrix} R \\ S \end{Bmatrix} \tag{4-16}$$

上式可以用增量表示成：

$$\begin{bmatrix} \overline{K} & K' \\ K'^{\mathrm{T}} & \widetilde{K} \end{bmatrix} \begin{Bmatrix} \Delta\delta \\ \beta \end{Bmatrix} = \begin{Bmatrix} R - R_{\mathrm{t}} \\ 0 \end{Bmatrix} \tag{4-17}$$

式中　$\{R_{\mathrm{t}}\}$——在 $t-\Delta t$ 时刻以前各时刻发生的位移相对应的应力所平衡的荷载。

4.4　本构模型的选择

土是地质历史的产物，可以说是一种复杂材料。历史上曾有数百个本构方程被提出来描述土的应力应变关系，但是没有任何一个本构方程可以反映所有土体在任何工况下的实际应力应变关系。在岩土工程数值分析当中，应该具体问题具体分析，本构方程的选择取决于所做工程项目所影响范围内的土体和具体工况。真空堆载联合预压法这种工况以及所加固的具体土质决定了其本构模型的选择。

真空预压法所处理的地基一般是淤泥地基。淤泥具有黏弹塑特性，本构方程复杂。土体由于真空工法的特殊性，就算土体水位下降导致“堆载”作用，其有效应力状态也始终不会达到屈服；随着时间的延续，土体受到等向应力的作用，就更加不会达到屈服了。

对于堆载预压法加固软基，次固结变形往往需要考虑，这使得考虑软土流变性的本构关系应运而生。大多数学者认为，若软土地基固结较快，则其次固结变形在主固结变形阶段所占比例非常小，其影响可以忽略。次固结变形主要取决于工后沉降。因为真空预压法这种工法的特殊性，抽真空作用一般发生于地基主固结变形阶段。是否考虑采用流变本构模型主要取决于是分析主固结变形阶段的土体应力应变关系，还是分析次固结变形阶段的土体应力应变关系。前者不考虑，后者则要考虑。

由于真空预压主要是以“负压”作用下渗透固结为主来加固软基，其本构方程宜采用弹性本构方程，沈珠江等[75]曾经做过对比，发现用弹性模型计算的结果最符合实际情况；若是真空堆载联合预压法中堆载所占比重较大，可考虑采用弹塑性本构模型，必要时还要考虑土体损伤。

4.5　竖向排水通道的处理建议

排水固结法普遍会在地基中打设竖向排水通道。真空预压法属于排水固结法的范畴。地基的固结速度和地基加固的效果直接受竖向排水通道影响。竖向排水通道一般采用袋装砂井和塑料排水板。目前，在真空预压法中打设塑料排水板非常流行。

竖向排水通道在真空预压处理软基中各个阶段所承担的任务不同，在真空吸力导致浅层土体渗透固结，并对深层土体主要产生“堆载”作用的阶段，竖向排水通道主要起加速排水作用；在浅层土体固结稳定，深层土体由受“堆载”作用向受“负压”作用过渡的阶段，竖向排水通道不仅起排水通道的作用，主要起着向土层深处传递负压的作用。

目前，真空预压数值分析中，普遍采用等效堆载或者调节边界结点孔隙水压来模拟“负压”。关于这两种方法的应用，已有研究成果表明，后者比较适合真空预压这种工法。关于竖向排水通道的界定也有两种方法，一种是通过调整竖向排水通道渗透系数将其视为渗透性很强的介质，另一种是将其视为稳定负压边界条件。是通过调整渗透系数将竖向排水通道视为渗透性很强的介质来处理，还是将其视为沿深度按一定规律分布的稳定负压边界条件，学界一直未能达成共识，也未曾有文献进行过比较分析。

针对该高速铁路试验段，在其他条件相同的前提下，对竖向排水通道采用不同的处理方法，运用有限元分析方法计算沉降和位移，并与实测值进行对比分析。

已有研究证明，可以将地基在条形荷载作用下的固结视为平面应变、平面渗流问题来处理[125]。在这里由于地基所受荷载为长条形荷载，所以可将其视为平面问题来处理。具体选取 K0＋342 断面作为研究对象，采用相关软件进行有限元耦合固结分析，其工程断面见图 4-1。

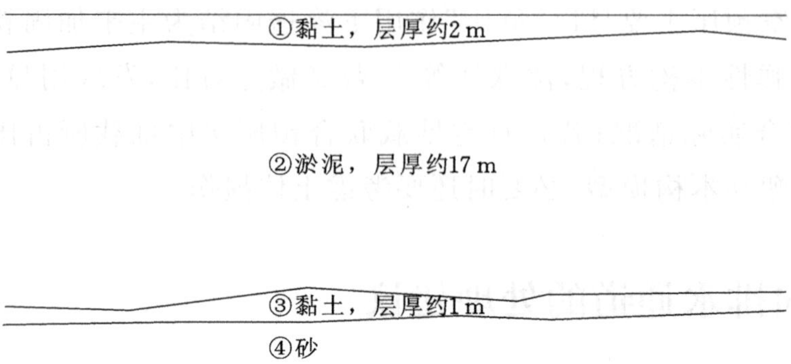

图 4-1　K0＋342 工程横断面

（1）塑料排水板的处理

① 将竖向排水通道视为渗透性很强的介质

扩大塑料板间距，设置 6 道砂墙。在土体平均孔压或者固结度为常量的前提下，将巴隆轴对称固结理论的解答与砂墙二维应变、二维渗流等应变固结理论的解答进行对比，可知通过调整渗透系数能实现砂井地基与砂墙地基的等效作用，实现等效的渗透系数调整计算公式如下[126]：

$$k_{\mathrm{hq}}=D_{\mathrm{h}}\cdot k_{\mathrm{h}j} \tag{4-18}$$

$$k_{\mathrm{vq}}=D_{\mathrm{v}}\cdot k_{\mathrm{v}j} \tag{4-19}$$

式中　k_{hq}，k_{vq}——砂墙水平渗透系数、垂直渗透系数；

$k_{\mathrm{h}j}$，$k_{\mathrm{v}j}$——砂井水平渗透系数、垂直渗透系数；

D_{h}，D_{v}——水平渗透系数调整系数、垂直渗透系数调整系数，其计算式如下：

$$D_{\mathrm{h}}=\frac{4(n_{\mathrm{p}}-s_{\mathrm{p}})^2(1+\nu)L^2}{9n_{\mathrm{p}}^2\mu_{\mathrm{a}}-12(1+\nu)\beta(n_{\mathrm{p}}-s_{\mathrm{p}})(s_{\mathrm{p}}-1)L^2} \tag{4-20}$$

$$D_{\mathrm{v}}=\frac{2(1+\nu)}{3} \tag{4-21}$$

式中　L——砂井间距放大系数，$L=\dfrac{B}{r_{\mathrm{e}}}$，其中 B 为砂墙间距（4 m）的一

半，r_e 为砂井的单井有效排水区半径；

n_p——$n_p=\dfrac{B}{r_{wp}}$，其中 r_{wp} 为砂墙宽度(1 m)的一半；

s_p——$s_p=\dfrac{r_{sp}}{r_{wp}}$，其中 r_{sp} 为砂墙涂抹区宽度的一半，r_{wp} 为砂墙宽度的一半；

β——砂井水平渗透系数与垂直渗透系数的比值，即 $\beta=\dfrac{k_{hj}}{k_{vj}}$；

ν——泊松比；

μ——$\mu_a=\dfrac{n^2}{n^2-s^2}\ln\dfrac{n}{s}-\dfrac{3n^2-s^2}{4n^2}+\dfrac{k_{hj}}{k_{vj}}\dfrac{n^2-s^2}{n^2}\ln s$，其中 n 为砂井井径比，$n=\dfrac{r_e}{r_{wa}}$（r_e 为砂井的单井有效排水区半径，r_{wa} 为砂井的半径），$s=\dfrac{r_s}{r_{wa}}$（r_s 为涂抹区半径，r_{wa} 为砂井的半径）。

被加固区段竖向排水通道为塑料排水板而非砂井，所以需要用塑料排水板代替上述砂井进行计算，塑料排水板的当量直径采用下式计算：

$$D_p=\alpha\,\frac{2(b+\delta)}{\pi} \tag{4-22}$$

式中　D_p——塑料排水板当量直径(cm)；

α——换算系数，无试验资料时 α 可取 0.75～1.00，也曾有文献建议 α 取 1.00；

b——塑料排水板宽度；

δ——塑料排水板厚度。

塑料排水板有效排水区直径按下式计算：

$$d_e=1.05S \tag{4-23}$$

式中　S——塑料排水板间距。

塑料排水板的井阻和涂抹作用相比砂井小得多，令 $S=1$。

② 将竖向排水通道视为负压边界条件

根据真空预压的特点，在真空预压加固地基数值分析中，负压边界结点孔隙水压力等于膜下土中真空度值，在进行有限元分析计算时，根据实测值调节密封膜覆盖的地面边界单元结点的孔隙水压力为负的稳定孔隙水压力。通过观测可知，膜下土中孔隙水压力变化范围为－30～－20 kPa，单元结点孔隙水压力可设置为－25 kPa（取平均值）。在设置砂墙的位置，根据实测真空度调节沿纵向与土接触的边界单元结点的孔隙水压力为稳定的负孔隙水压力，从地面向下由大到小按线性变化设置，砂墙位置的底部孔隙水压力为零（这与观测的孔隙水压力基本相符合）。砂墙位置土的渗透系数及各种参数则跟周围土层相同。

（2）单元划分

加固区对称，对称轴是路基中心线，取一半计算。用分层总和法中判定计算深度的办法来确定有限元计算的压缩底层，取 28 m。有限元计算宽度取 40 m。假定水平面与地面平齐来简化计算。地基中总共设置了 6 道砂墙，因为取一半，所以计算模型中有 3 道砂墙。将每一土层划分为一个单元区，由塑料排水板转化而来的砂井，等效而来的砂墙单独划分为一个单元区，共划分为 405 个单元。如图 4-2 所示。

（3）边界条件

因路基对称，故可取路基的一半来进行计算。因为路基中线处水的净流量为零，所以设置计算图形左面为不透水边界，无水平位移，只有垂直沉降；所取计算范围的下方为砂层，取设置底面为透水边界，无水平位移和垂直沉降；所取计算范围的右面真空影响很小，水的渗流不明显，可以忽略不计，取计算图形右面为不透水边界，无水平位移和垂直沉降；顶面密封膜范围内，根据真空预压的特点，在真空预压加固地基数值分析中，负压边界结点孔隙水压力等于膜下土中真空度值，可把单元结点孔隙水压力设置为稳定负孔隙水压力。通过观测可知，膜下孔隙水压力变化范围为－30～－20 kPa，单元结点孔隙水压力可设置为－25 kPa（取平均值）。顶面在路基范围以外的区域为自由位移边界。

（4）本构模型

已有的研究成果表明：单独采用真空预压处理软基时，土体本构模型宜采用弹性模型。由于是对比哪一种竖向排水通道处理方法更为贴切实测值，在这里只用弹性模型。

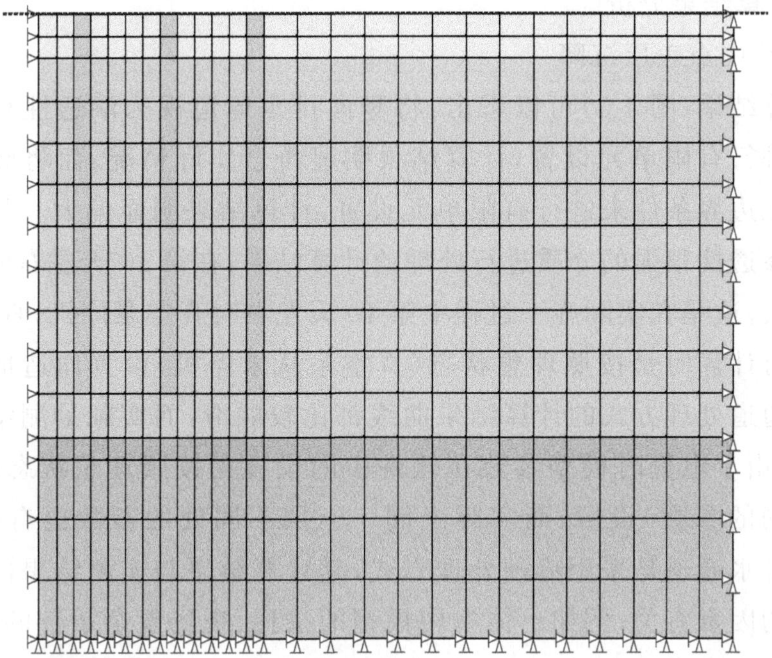

(a)

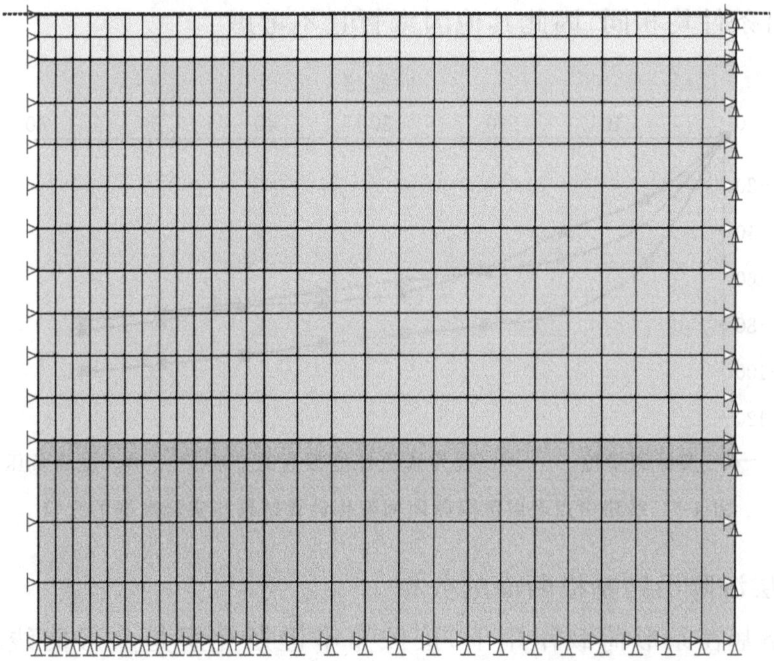

(b)

图 4-2　单元划分及边界条件界定图(一)

(a)将竖向排水通道视为渗透性很大的介质;(b)将竖向排水通道视为负压边界条件

(注:图中边界条件的一个三角形表示一根链杆)

(5) 计算结果分析

① 线路中点表层沉降

从计算结果(图 4-3)可以看出:将竖向排水通道视为渗透性很强的介质(粗砂)来进行有限单元设置,计算结果明显符合实际情况;而将竖向排水通道视为负压边界条件来进行有限单元设置,计算结果明显偏大。将竖向排水通道视为渗透性很强的介质进行处理的计算结果,在第 10 天左右时和实测结果相差偏大,这是在实际施工过程中第 10 天左右时真空泵停机,真空度下降,而实际进行计算时是按照理想状态(真空泵从未停机)设置而造成的。两种竖向排水通道处理方式的计算结果曲线都比较顺滑,而实际量测结果曲线有起伏,这是由于电算时模型参数在软件中的设置是按照理想状态(每一土层都具有相同的参数)设置,而实际上同一土层不同处的参数也有很大差别。不管竖向排水通道是采用哪种处理方式,其计算结果与实测结果的差异都与很多方面的因素有关,例如土体本构模型的选择、现场复杂条件的简化、工程勘测等。但是本章旨在对比两种竖向排水通道处理方式的优劣,而除这点之外其他所有条件均相同,因此其他因素暂且不考虑。

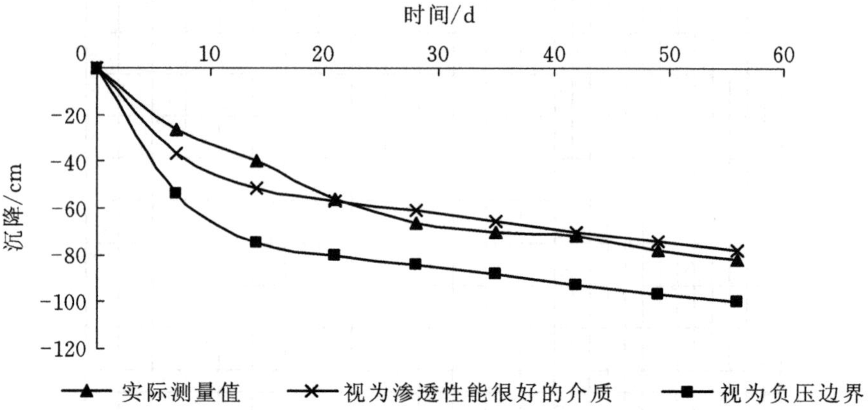

图 4-3 线路中点表层沉降随时间变化计算结果与实测数据的比较

② 表层沉降沿路基横断面的分布

软土路基在条形荷载作用下,按照布辛涅斯克解是盆形曲线,也就是路基中心沉降最大,越靠近路基两侧,沉降越小,但是这种结果在真空预压处理软基中却得不到明显的体现,实际施工当中路基中线处的沉降和路基边缘处的沉降相差不大,沿横断面路基沉降分布均匀。从图 4-4 中可以看出,两种竖向排水通道处理方式的计算结果相差不大，越靠近路基中线，计算结果越接近。在与实测值进行比较后发现，将竖向排水通道视为负压边界条件的计算结果与实测结果在沿路基横断面的差值稳定，而将竖向排水通道视为渗透性很强的介质的计算结果在越接近路基边缘时越接近实测结果，这或许是在后者的计算设置中将塑料排水板设置为砂墙（更接近实际路基情况）造成的。总的说来，将竖向排水通道视为渗透性很强的介质计算结果要比将竖向排水通道视为负压边界条件的计算结果更为理想。

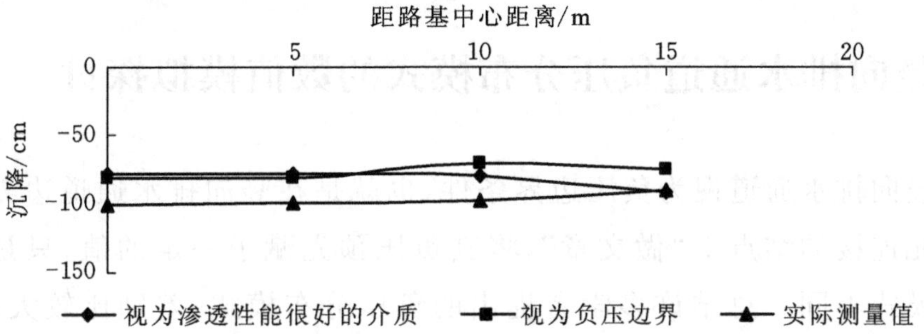

图 4-4　表层沉降沿路基横断面计算结果与实测值的比较

③ 路基边缘侧向位移分析

软土路基在堆载荷载的作用下，其边缘土体发生侧向挤出变形；软土路基在真空荷载的作用下，其边缘土体发生内向收缩变形。收缩变形在两种方式处理的计算结果和实测结果中都得到了充分的体现，见图 4-5。两种处理方式的水平位移计算结果在路基表面接近实测值，尤其是将竖向排水通道视为负压边界条件的处理方式的计算结果在路基表面与实测结果几乎相同。在 5～20 m 的深度范围内，两种方式处理的计算结果与实测结果相差甚大，总的说来将竖向排水通道视为负压边界条件的计算结果更接近实测结果。

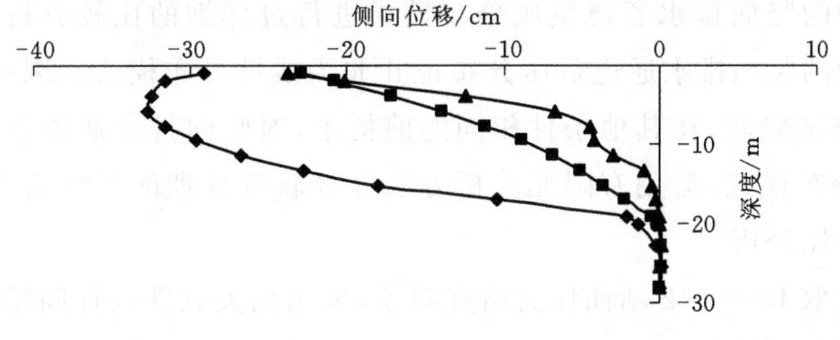

图 4-5　路基边缘侧向位移沿路基深度的变化

（6）讨论和建议

以上分析可以总结如下：在采用真空预压施工方法过程中，进行沉降计算时，将竖向排水通道视为渗透性很强的介质，其沉降计算结果的精度远高于将竖向排水通道视为负压边界条件的处理方式；而计算坡脚处侧向位移时，将竖向排水通道视为负压边界条件的处理方式更为理想。因此，建议在进行沉降计算时，可将竖向排水通道视为渗透性很强的介质；而在进行坡脚处水平位移计算时，宜将之视为负压边界。

4.6 竖向排水通道负压分布模式的数值模拟探讨

将竖向排水通道视为负压边界条件，也就是在竖向排水通道边界单元与土体单元连接的结点上“做文章”，将其负压预先赋予一定的值，只是沿通道分布的模式不同。总结许多学者提出的负压分布模式，差别比较大；共同点都是简化成线性分布模式，由通道顶至通道底的负压都认为是从某一个特定值按线性折减到零或另一个特定值。也有学者根据现场孔隙水压实测资料和现场分层沉降实测资料反分析负压分布，得到如下结论：塑料排水板打设深度为 20 m 以内时，负压沿通道均匀分布，其值为膜下真空度的 50%左右[9]，但其值在地基深度 5 m 范围内锐减，与理论不符合，离散性较大。

对于前段所述的情形，大多学者认为竖向排水通道中负压是导致土体固结的主要根源。若将竖向排水通道视为具有一定分布规律的负压边界条件，则能否正确估计其分布模式是数值分析是否合理的关键因素。

目前国内外有关真空预压加固地基数值分析中，还没有文献对该工法下数值分析中的竖向排水通道负压分布模式进行过详细的比较分析。而实际工程中量测的竖向排水通道负压分布也并非为线性分布模式。因此，拟针对该高速铁路试验段，在其他条件相同的前提下，对竖向排水通道负压分布采用不同的分布模式，运用有限元分析方法计算软基处理的最终效果，并与实测值进行对比分析。

具体选取 K0＋342 断面作为研究对象，采用相关软件进行固结有限元分析，其工程断面见图 4-1。

(1) 塑料排水板的处理

在土体平均孔压或者固结度为常量的前提下，将巴隆轴对称固结理论的解答与砂墙二维应变、二维渗流等应变固结理论的解答进行对比，可知通过调整渗透系数能实现砂井地基与砂墙地基的等效作用。实际计算时，用塑料排水板通过当量直径和有效排水区直径的计算代替砂井，再将砂井地基等效为砂墙，在地基中设置 6 道砂墙。

根据真空预压的特点，在真空预压加固地基数值分析中，负压边界结点孔隙水压力等于膜下土中真空度值，在进行有限元计算时，根据实测值调节密封膜覆盖的地面边界单元结点的孔隙水压力为负的稳定孔隙水压力。通过观测可知，膜下孔隙水压力变化范围为－30～－20 kPa，单元结点孔隙水压力可设置为－25 kPa(取平均值)。在设置砂墙的位置，沿纵向与土接触的边界单元结点的孔隙水压力根据以下三种情况调节为稳定负的孔隙水压力：

① 从地面向下，由大到小按直线形变化模式设置。以塑料排水板底为原点，建立高度 h 与孔隙水压力 u 的直角坐标体系，根据 $h=0$ m，$u=0$ kPa 及 $h=18$ m，$u=-25$ kPa，得到变化规律：$u=-1.39h$。

② 从地面向下，由大到小按抛物线形变化模式设置。以塑料排水板底为原点，建立高度 h 与孔隙水压力 u 的直角坐标体系，根据 $h=0$ m，$u=0$ kPa 及 $h=18$ m，$u=-25$ kPa，得到变化规律：$u=-\dfrac{h^2}{12.96}$。

③ 从地面向下，由大到小按指数曲线形变化模式设置。以塑料排水板底为原点，建立高度 h 与孔隙水压力 u 的直角坐标体系，根据 $h=18$ m，$u=-25$ kPa，得到变化规律：$u=-1.196^h$(当 $h=0$ 时，令 $u=0$)。

单道砂墙从顶到底各个单元结点孔隙水压力计算结果见表 4-1。

表 4-1　单道砂墙由底至顶各个单元结点孔隙水压力

h/m	u/kPa		
	直线形模式	抛物线形模式	指数曲线形模式
18	－25.00	－25.00	－25.00
17	－23.63	－22.30	－21.00
16	－22.24	－19.75	－17.50
14	－19.46	－15.12	－12.25

续表4-1

h/m	u/kPa		
	直线形模式	抛物线形模式	指数曲线形模式
12	−16.68	−11.11	−8.60
10	−13.90	−7.72	−6.00
8	−11.12	−4.94	−4.19
6	−8.34	−2.78	−2.93
4	−5.56	−1.23	−2.05
2	−2.78	−0.31	−1.43
0	0.00	0.00	0.00

(2) 单元划分

加固区对称,对称轴是路基中心线,取一半计算。用分层总和法中判定计算深度的办法来确定有限元计算的压缩底层,取 28 m。有限元计算宽度取 40 m。假定水平面与地面平齐来简化计算。地基中总共设置了 6 道砂墙,因为取一半,所以计算模型中有 3 道砂墙。将每一土层划分为一个单元区,由塑料排水板转化而来的砂井,等效而来的砂墙单独划分为一个单元区,共划分为 405 个单元,如图 4-6 所示。

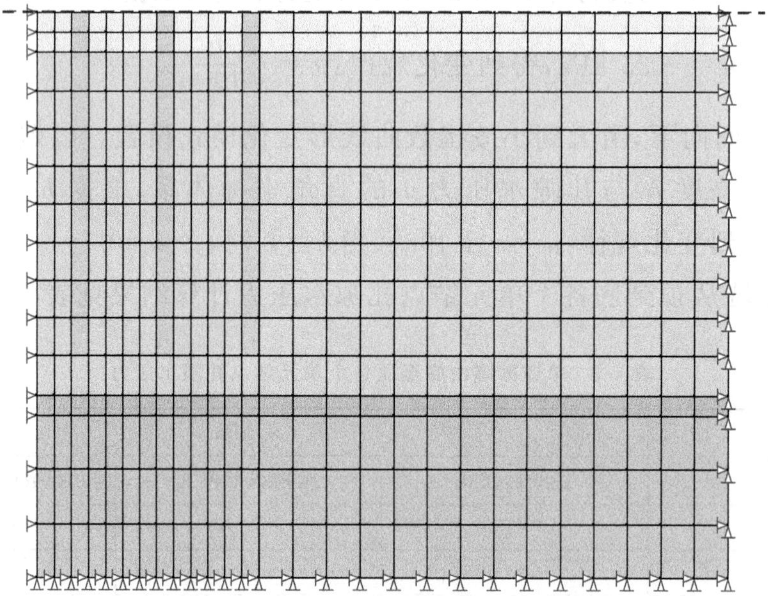

图 4-6　单元划分及边界条件界定图(二)

(注:图中边界条件的一个三角形表示一根链杆)

（3）边界条件和本构模型

边界条件和本构模型均与上一节排水通道处理内容相同。

（4）计算结果分析

① 线路中点表层沉降

由图 4-7 所示线路中点表层沉降随时间变化计算结果与实测数据的比较可以看出，竖向排水通道负压分布模式按直线形模式分布设置，计算结果与实测值相差甚大，第 56 天时的沉降，即最终沉降相差 18.5 cm 左右；而竖向排水通道负压分布模式按抛物线形模式或者指数曲线形模式分布设置，计算结果与实测值极为接近，尤其是按照指数曲线形分布计算的结果可以说是非常精确。三种模式的计算结果在第 10 天左右和实测结果相差有些大，这是由于在实际施工过程中第 10 天左右时真空泵停机，真空度下降导致孔隙水压上升，而实际进行计算时是按照理想状态来设置引起的。所有计算结果曲线都比较圆顺，而实际测量结果曲线有起伏，这是电算时模型参数在软件中的设置是按照理想状态（每一土层具有相同的参数）设置，而实际上同一土层的不同处也有很大差别而造成的。

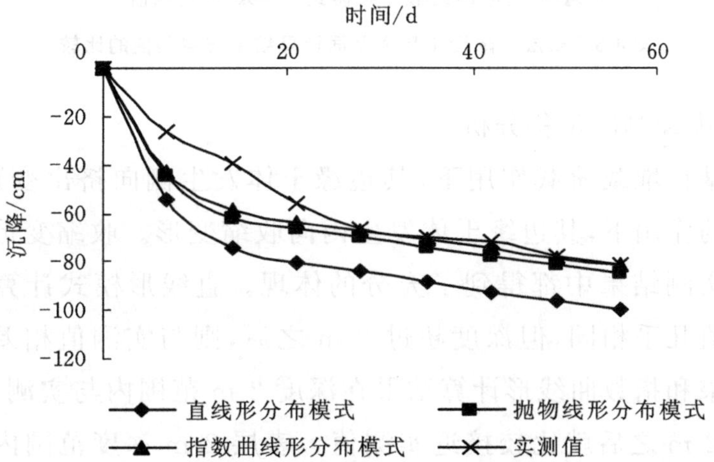

图 4-7　线路中点表层沉降随时间变化计算结果与实测数据的比较

② 表层沉降沿路基横断面分布

由图 4-8 所示的表层沉降沿路基横断面计算结果与实测值的比较可以看出，三种模式的计算结果基本符合上述规律，路基中线处的沉降和路基边缘处的沉降相差都不大，15 m 宽度的范围内最大相差10 cm 左右。与实测值比较可以发现，直线形模式计算结果与实测值相差甚远，15 m 宽度范围内各个位置沉降与实测沉降值差值均匀；抛物线形模式和指数曲线形模式计算结果相对直线形模式计算结果精确得多，越靠近路基中线，计算结果越接近；指数曲线形模式计算结果比抛物线形模式计算结果更符合实测值。总的来说，三种模式的计算结果理想程度由高到低依次为指数曲线形模式、抛物线形模式、直线形模式。

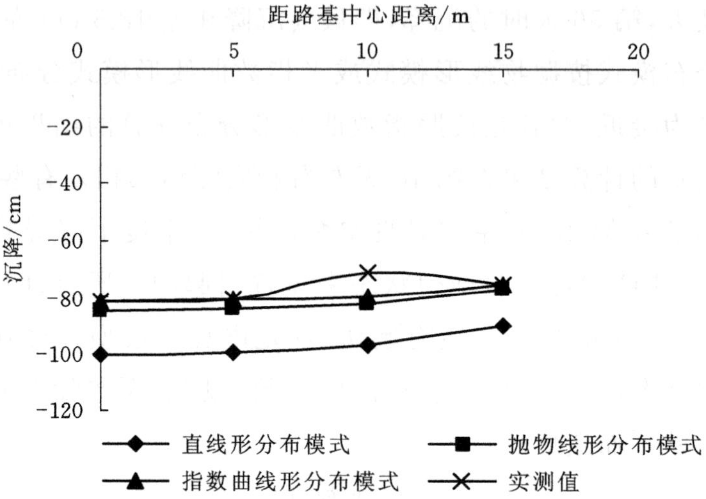

图 4-8　表层沉降沿路基横断面计算结果与实测值的比较

③ 路基边缘侧向位移分析

软土路基在堆载荷载作用下，其边缘土体发生侧向挤出变形；软土路基在真空荷载的作用下，其边缘土体发生内向收缩变形。收缩变形在三种模式计算结果和实测结果中都得到了充分的体现。直线形模式计算结果在地表附近与实测值几乎相同，但深度超过 2 m 之后，则与实测值相差甚远。抛物线形计算结果和指数曲线形计算结果在深度 2 m 范围内与实测值相差较大，但深度超过 2 m 之后就比较接近实测值。表层 2 m 深度范围内的黏土为黏土硬壳层，或许比较适合采用直线形负压分布模式。由图 4-9 所示路基边缘侧向位移沿深度计算结果与实测值的比较可以看出，指数曲线形计算结果比抛物线形计算结果更为合理。总的说来，淤泥质粉质黏土范围内竖向排水通道负压分布采用抛物线形或者指数曲线形分布模式是合理的，而对于黏土硬壳层采用直线形分布模式比较合理。

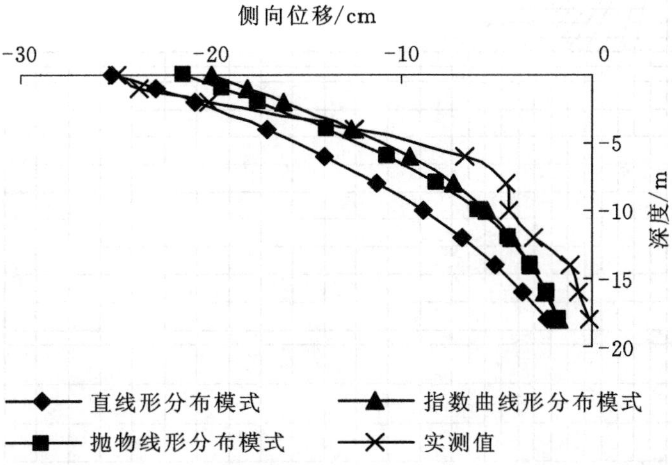

图 4-9　路基边缘侧向位移沿深度计算结果与实测值的比较

(5) 讨论与建议

① 在以往的真空预压数值分析中,很多学者都将竖向排水通道的负压分布简化成直线形分布模式,由通道顶至通道底的负压从某一个特定值按线性折减到零或另一个特定值。这不符合实际情况,这样做将导致沉降计算和侧向位移计算结果与实测值有较大出入。

② 真空预压工法针对的对象普遍为淤泥,在淤泥中,竖向排水通道负压分布比较适合采用指数曲线形分布模式。

③ 沿海地区淤泥土层上往往都分布着一定厚度的黏土硬壳层,在硬壳层深度范围内的竖向排水通道负压分布模式可按直线形模式进行设置。

4.7　"等效"堆载与负压数值计算效果讨论

建立的计算模型如图 4-10 所示,其他条件相同,图 4-10(a)所示为真空作用"等效"堆载;图 4-10(b)所示为负压(通过调节边界结点孔隙水压力实现)。计算结果如图 4-11、图 4-12 所示。由图 4-11 与图 4-12 可知,后者计算结果明显更理想。

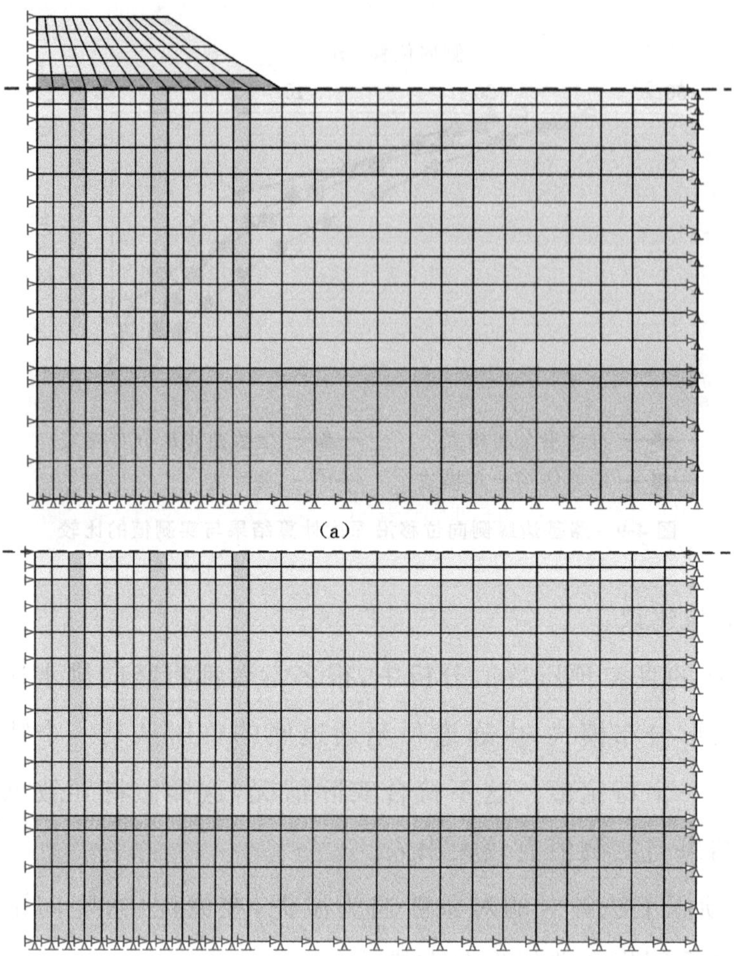

(a)

(b)

图 4-10　单元划分及边界条件界定图(三)

(a)真空荷载等效为堆载荷载;(b)边界单元结点孔隙水压力设置为稳定负孔隙水压力

(注:图中边界条件的一个三角形表示一根链杆)

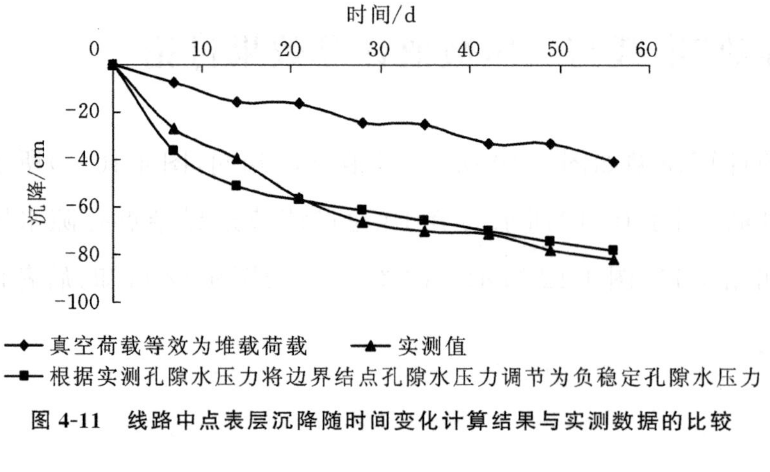

图 4-11　线路中点表层沉降随时间变化计算结果与实测数据的比较

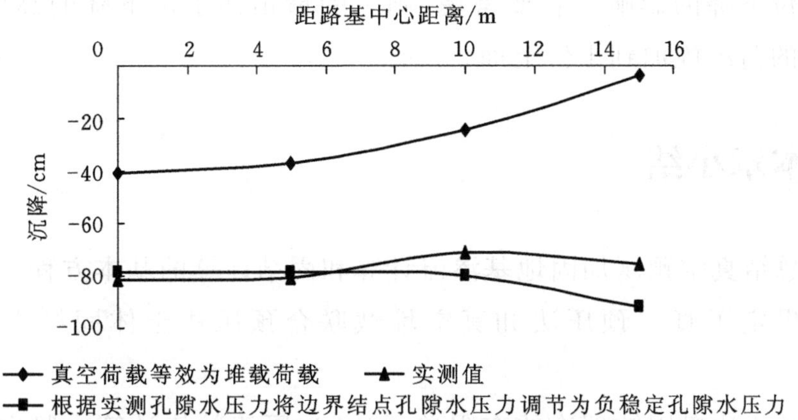

图 4-12　表层沉降沿路基横断面计算结果与实测值的比较

4.8　塑料排水板地基转化为砂墙地基

排水固结法中必然在软基土体中埋设竖向排水通道。目前塑料排水板、砂井等被广泛应用于该法当中，尤其是塑料排水板，在真空预压法中应用最多。常规软基处理设计按单井考虑，用轴对称固结理论分析地基土体固结。理论上来讲，砂井软基的固结要用三维固结有限元分析计算，但是工作量必然大增且非常复杂。因此，很多学者开始研究将三维固结有限元分析软基转化为二维固结有限元分析，这样必然使得方法简化，同时减小工作量。砂井地基转化为砂墙地基的思路应运而生，转化的关键就是需要实现等效。有学者推导了等效变换公式，如 Indraratna B 等[57]、Hird C C 等[60]、赵维炳等[126]。在众多的公式当中，赵维炳等[126]提出的公式最适用。

有学者得到结论：在竖向排水体的渗透系数与砂井区地基土渗透系数之比较大时，砂井区地基土渗透系数增大且砂墙间距大于 4 m，才能实现真空预压法下地基的等效。

4.9　地下水探讨

在前面的数值耦合分析当中，始终假定地下水位与地面平齐，并没有考虑地下水位下降的影响。若要考虑,则可酌情预估水位下降的高度,并将其作为相当的荷载施加到土体上面。

4.10 本章小结

(1) 总结真空预压加固地基渗流计算和固结计算的基本方程。

(2) 界定了真空预压法和真空堆载联合预压法土体固结本构模型的选择。

(3) 基于比奥固结理论的有限单元法,为厘清数值计算中竖向排水通道处理方式,负压沿竖向排水通道排布等问题,进行了数值计算与分析。主要结果如下:

① 数值计算中,不能将真空作用等效为堆载,否则计算结果偏差过大。

② 数值计算中,竖向排水通道的界定:建议在进行沉降计算时,可将竖向排水通道视为渗透性很强的介质;而在进行坡脚处水平位移计算时,宜将其视为负压边界。

③ 在以往的真空预压数值分析中,有些学者将竖向排水通道的负压分布简化成直线形分布模式,由通道顶至通道底的负压从某一个特定值按线性折减到零或另一个特定值。这可能导致沉降计算和水平位移计算结果与实测值有较大出入。真空预压工法针对的对象普遍为淤泥,在淤泥中,竖向排水通道负压分布比较适合采用指数曲线形分布模式;沿海地区淤泥土层之上往往都分布着一定厚度的黏土硬壳层,在硬壳层深度范围内的竖向排水通道负压分布模式可按直线形模式进行设置。

第 5 章　考虑分级堆载的真空堆载联合预压砂井地基孔压计算方法

5.1　引言

Indraratna B 等[127]、Tran T A 等[128]假设真空度沿砂井按线性方式折减且砂井下透水边界水力梯度不变，推导了真空堆载联合预压下砂井地基土体的 Hansbo 固结解析解，认为软基固结方程是抛物线形偏微分方程，孔隙水压力的分布取决于边界条件。只要合理界定排水固结工法下加固区域的边界初始条件，就可以在理论上论证孔隙水压力沿地基深度衰减的力学机理，以指导设计和施工。鲍树峰等[49]在假定负超孔隙水压力沿砂井径向分布不均匀的前提下，推导了真空预压工法下砂井地基土体的 Hansbo 固结解析解。周琦等[50]在假设砂井下透水边界负超孔隙水压力随时间增加而其他条件与上述文献一致的条件下，推导了单独真空预压工法下砂井地基土体的 Hansbo 固结解析解。胡亚元[51]将砂井地基上下边界假定为半透水边界，研究了顶部垫层和底部下卧层透水性质对地基的固结影响。王星华、雷鸣[54]从不同时间段、不同深度处淤泥及淤泥质土固结主导因素来分析真空预压下土体固结机制，且通过计算认为不同性质土层孔隙水压力沿深度的分布形式不同。但上述研究较少涉及超孔隙水压力沿地基深度衰减的力学原理；通过解析解计算的工程实例偏少，与实例的对比分析更少。

经典砂井固结理论假定砂井地基顶面为完全透水的边界，底面为完全不透水的边界，这与工程实际情况差距颇大。实际工程中砂井地基顶面砂垫层并不是渗透系数无穷大，而底面下卧层也不是渗透系数为零，只是下卧层可能是透水性较好的土层。谢康和[129]、李西斌等[130]、刘加才[131]研究了堆载预压范畴内的软基固结特性，发现将砂井地基的上下边界假定为半透水边界更为合适，但是关于真空预压范畴的研究文献很少。为此，将真空堆载联合预压工法所设加固地基的边界条件修改为符合工程实际情况的半透水条件，获得理论上该工法下孔隙水压力随地基加固深度衰减的规律，从而构建孔隙水压力计算方法，为预测有效应力增长情况和地基固结度提供依据。

大多数文献[132-139]在理论推导过程中，将堆载视为瞬间一次性施加，或将真空荷载和堆载同时瞬间施加，而实际施工并非如此。实际施工过程中，堆载是间断性分级施加的，真空荷载与堆载也存在先后施加顺序。这必将导致计算结果与实际相差甚远。为此，本章针对以上不足，探索真空堆载联合预压孔隙水压力计算方法。

5.2 等应变条件下的孔隙水压力解析解

5.2.1 方程的建立

砂井地基单井固结计算图如图 5-1 所示。基本假定：①运用太沙基有效应力原理，则饱和土的本构关系为线弹性，压缩模量 E_s 在固结过程中保持不变；②适用达西定律；③只考虑砂井地基的径向固结，忽略竖向固结；④地基只有竖向变形而没有侧向变形，且同一深度平面上的竖向变形都相同；⑤忽略砂井内孔压径向变化，砂井中任一深度处水流竖向增量与土体渗入砂井中的水增量相等。

根据以上假定，可以得到砂井地基土体固结方程[140-141]：

$$\frac{\partial \varepsilon_v}{\partial t}=-\frac{1}{E_s}\frac{\partial \hat{u}}{\partial t} \tag{5-1}$$

$$\left.\begin{aligned}-\frac{1}{r}\frac{\partial}{\partial r}\left(\frac{k_s}{\gamma_w}r\frac{\partial u}{\partial r}\right)=\frac{\partial \varepsilon_v}{\partial t},\quad r_w\leqslant r\leqslant r_s\\ -\frac{1}{r}\frac{\partial}{\partial r}\left(\frac{k_h}{\gamma_w}r\frac{\partial u}{\partial r}\right)=\frac{\partial \varepsilon_v}{\partial t},\quad r_s\leqslant r\leqslant r_e\end{aligned}\right\} \tag{5-2}$$

式中 ε_v——土体体应变；

$\hat{u}$——土体径向平均孔压，其计算公式：

$$\hat{u}=\frac{1}{\pi(r_e^2-r_w^2)}\int_{r_w}^{r_e}2\pi r u\,\mathrm{d}r \tag{5-3}$$

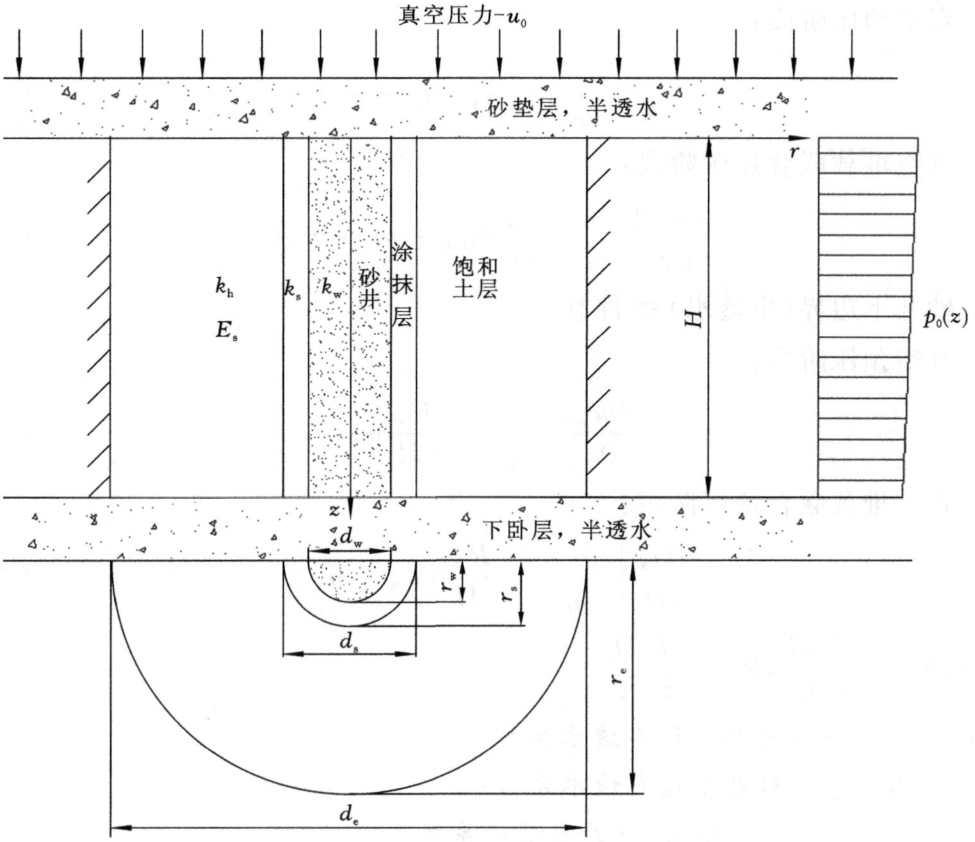

H—土层厚度；r、z—径向和竖向坐标；r_w、d_w—砂井半径和直径；r_e、d_e—砂井影响区半径和直径；

r_s、d_s—涂抹区半径和直径；k_w、k_s、k_h—砂井、涂抹区、土体中的渗透系数

图 5-1　砂井地基单井固结计算图

[注：真空荷载作用在砂垫层顶部，为$-u_0$；假定堆载 p_0 为分级瞬时施加，则地基附加应力为 $p_0(z)$]

砂井部分的孔压为 u_w，单位水力坡度砂井流量为 q_w，则 $q_w = A_w k_w$，A_w 为砂井的截面面积。根据前述假定 ② 和 ⑤ 可得砂井渗流连续方程：

$$\frac{\partial^2 u_w}{\partial z^2} = -\frac{2\pi r_w k_s}{q_w} \left.\frac{\partial u}{\partial r}\right|_{r=r_w} \tag{5-4}$$

5.2.2　边界条件和初始条件

基于工程实际情况，提出如下边界初始条件：

$$\left.\frac{\partial u}{\partial r}\right|_{r=r_e} = 0 \tag{5-5}$$

砂井上边界(半透水)条件有：

真空预压阶段：

$$\left.\frac{\partial u_{\mathrm{w}}}{\partial z}\right|_{z=0}=\frac{R_{\mathrm{wu}}}{H}(u_{\mathrm{w}}+u_{0}) \tag{5-6}$$

真空堆载联合预压阶段：

$$\left.\frac{\partial u_{\mathrm{w}}}{\partial z}\right|_{z=0}=\frac{R_{\mathrm{wu}}}{H}(u_{\mathrm{w}}+u_{0}+p_{0}) \tag{5-7}$$

砂井下边界(半透水)条件有：

真空预压阶段：

$$\left.\frac{\partial u_{\mathrm{w}}}{\partial z}\right|_{z=H}=-\frac{R_{\mathrm{w}l}}{H}u_{\mathrm{w}} \tag{5-8}$$

真空堆载联合预压阶段：

$$\left.\frac{\partial u_{\mathrm{w}}}{\partial z}\right|_{z=H}=-\frac{R_{\mathrm{w}l}}{H}(u_{\mathrm{w}}+u_{\mathrm{t}_1}) \tag{5-9}$$

其中，$R_{\mathrm{wu}}=\dfrac{k_{\mathrm{u}}H}{k_{\mathrm{w}}L_{\mathrm{u}}}$，$R_{\mathrm{w}l}=\dfrac{k_{l}H}{k_{\mathrm{w}}L_{l}}$。

式中 R_{wu}——砂井上边界透水系数；

$R_{\mathrm{w}l}$——砂井下边界透水系数；

k_{u}，k_{l}——砂垫层、下卧层渗透系数；

L_{u}，L_{l}——砂垫层、下卧层渗径，当R_{wu}、$R_{\mathrm{w}l}$为无穷大时，则边界为完全透水边界，当R_{wu}、$R_{\mathrm{w}l}$为0时，则边界为完全不透水边界；

u_{t_1}——真空预压一段时间后开始堆载时的土层底面孔隙水压力，在真空堆载联合阶段若堆载分级施加，则为前一级荷载预压结束时土层的底部孔隙水压力。

分级堆载视为瞬间施加，应用太沙基有效应力原理，土中孔隙水压力增量应等于附加应力值 $p_0(z)$。

$u|_{t=0}=p_0(z)+u_{\mathrm{t}_1}$。其中，$p_0(z)$为真空预压阶段砂垫层堆载在土中产生的附加应力，或为真空堆载联合预压阶段各分级堆载在土中造成的附加应力；u_{t_1}为真空预压一段时间后准备堆载前土中的孔隙水压力。

5.2.3 方程的求解

由于假定砂井地基为等应变体，$\dfrac{\partial \varepsilon_{\mathrm{v}}}{\partial t}$不沿半径发生变化，对式(5-2)采用

分离变量法，从 r_w 至 r_e 积分可得：

$$\frac{\partial u}{\partial r}=\begin{cases}\dfrac{\gamma_w}{2k_s}\dfrac{r_e^2-r^2}{r}\dfrac{\partial\varepsilon_v}{\partial t}, & r_w\leqslant r\leqslant r_s\\ \dfrac{\gamma_w}{2k_h}\dfrac{r_e^2-r^2}{r}\dfrac{\partial\varepsilon_v}{\partial t}, & r_s\leqslant r\leqslant r_e\end{cases}\tag{5-10}$$

将 $r=r_w$ 代入上式后再代入式(5-4)，得到砂井渗流连续方程：

$$\frac{\partial^2 u_w}{\partial z^2}=-\frac{\pi(r_e^2-r_w^2)\gamma_w}{q_w}\frac{\partial\varepsilon_v}{\partial t}\tag{5-11}$$

假定$\dfrac{\partial\varepsilon_v}{\partial t}$不随深度变化，则上式的通解：

$$u_w=a+bz-\frac{\pi(r_e^2-r_w^2)\gamma_w}{q_w}\frac{\partial\varepsilon_v}{\partial t}\frac{z^2}{2}\tag{5-12}$$

(1) 真空预压阶段孔隙水压力求解

式(5-12) 对 z 求偏导，利用式(5-6) 及式(5-8)，并继续代入式(5-12)，结合 $q_w=A_wk_w=\pi r_w^2k_w$ 得：

$$a=C\frac{(r_e^2-r_w^2)\gamma_w}{r_w^2k_w}\frac{\partial\varepsilon_v}{\partial t}H^2-Du_0\tag{5-13}$$

$$b=C\frac{(r_e^2-r_w^2)\gamma_w}{r_w^2k_w}\frac{\partial\varepsilon_v}{\partial t}H-\frac{E}{H}u_0\tag{5-14}$$

其中：

$$C=\frac{R_{wu}(2+R_{wl})}{2[R_{wu}(1+R_{wl})+R_{wl}]}$$

$$D=\frac{R_{wu}(1+R_{wl})}{R_{wu}(1+R_{wl})+R_{wl}}$$

$$E=\frac{R_{wl}R_{wu}}{R_{wu}(1+R_{wl})+R_{wl}}$$

代入式(5-12)，得：

$$u_w=\frac{(r_e^2-r_w^2)\gamma_w}{r_w^2k_w}\frac{\partial\varepsilon_v}{\partial t}\left(\frac{C}{R_{wu}}H^2+CHz-\frac{z^2}{2}\right)+u_0\left(\frac{E}{H}z-D\right)\tag{5-15}$$

对式(5-10) 积分，得：

$$u=\begin{cases}\dfrac{\gamma_w}{2k_s}\dfrac{\partial\varepsilon_v}{\partial t}\left(r_e^2\ln r-\dfrac{r^2}{2}\right)+A, r_w\leqslant r\leqslant r_s\\ \dfrac{\gamma_w}{2k_h}\dfrac{\partial\varepsilon_v}{\partial t}\left(r_e^2\ln r-\dfrac{r^2}{2}\right)+B, r_s\leqslant r\leqslant r_e\end{cases}\tag{5-16}$$

式中，A、B 为积分常数。

运用砂井井壁孔压连续条件$u|_{r=r_w}=u_w$，结合式(5-15)，求得：

$$A=\frac{(r_e^2-r_w^2)\gamma_w}{r_w^2k_w}\frac{\partial\varepsilon_v}{\partial t}\left(\frac{C}{R_{wu}}H^2+CHz-\frac{z^2}{2}\right)+u_0\left(\frac{E}{H}z-D\right)-\frac{\gamma_w}{2k_s}\frac{\partial\varepsilon_v}{\partial t}\left(r_e^2\ln r_w-\frac{r_w^2}{2}\right)$$

代入式(5-16)，得：

$$u=\frac{\gamma_w}{2k_s}\frac{\partial\varepsilon_v}{\partial t}\left[r_e^2\ln\left(\frac{r}{r_w}\right)-\frac{r^2-r_w^2}{2}\right]+\frac{(r_e^2-r_w^2)\gamma_w}{r_w^2k_w}\frac{\partial\varepsilon_v}{\partial t}\left(\frac{C}{R_{wu}}H^2+CHz-\frac{z^2}{2}\right)+u_0\left(\frac{E}{H}z-D\right), r_w\leqslant r\leqslant r_s\tag{5-17}$$

运用砂井涂抹区与土体界面上的孔压连续条件$u_{涂}|_{r=r_s}=u_{土}|_{r=r_s}$，结合：

$$u_{涂}|_{r=r_s}=\frac{\gamma_w}{2k_s}\frac{\partial\varepsilon_v}{\partial t}\left[r_e^2\ln\left(\frac{r_s}{r_w}\right)-\frac{r_s^2-r_w^2}{2}\right]+\frac{(r_e^2-r_w^2)\gamma_w}{r_w^2k_w}\frac{\partial\varepsilon_v}{\partial t}\left(\frac{C}{R_{wu}}H^2+CHz-\frac{z^2}{2}\right)+u_0\left(\frac{E}{H}z-D\right)$$

求得：

$$B=\frac{\gamma_w}{2k_s}\frac{\partial\varepsilon_v}{\partial t}\left[r_e^2\ln\left(\frac{r_s}{r_w}\right)-\frac{r_s^2-r_w^2}{2}\right]+\frac{(r_e^2-r_w^2)\gamma_w}{r_w^2k_w}\frac{\partial\varepsilon_v}{\partial t}\left(\frac{C}{R_{wu}}H^2+CHz-\frac{z^2}{2}\right)+u_0\left(\frac{E}{H}z-D\right)-\frac{\gamma_w}{2k_h}\frac{\partial\varepsilon_v}{\partial t}\left(r_e^2\ln r_s-\frac{r_s^2}{2}\right)$$

代入式(5-16)，得：

$$u=\frac{\gamma_w}{2k_h}\frac{\partial\varepsilon_v}{\partial t}\left[r_e^2\ln\left(\frac{r}{r_s}\right)-\frac{r^2-r_s^2}{2}\right]+\frac{\gamma_w}{2k_s}\frac{\partial\varepsilon_v}{\partial t}\left[r_e^2\ln\left(\frac{r_s}{r_w}\right)-\frac{r_s^2-r_w^2}{2}\right]+\frac{(r_e^2-r_w^2)\gamma_w}{r_w^2k_w}\frac{\partial\varepsilon_v}{\partial t}\left(\frac{C}{R_{wu}}H^2+CHz-\frac{z^2}{2}\right)+u_0\left(\frac{E}{H}z-D\right), r_s\leqslant r\leqslant r_e\tag{5-18}$$

$$\hat{u}=\frac{1}{\pi(r_e^2-r_w^2)}\left(\int_{r_w}^{r_s}2\pi ru\,\mathrm{d}r+\int_{r_s}^{r_e}2\pi ru\,\mathrm{d}r\right) \tag{5-19}$$

将式(5-17) 及式(5-18) 代入式(5-19)，令 $n=\frac{r_e}{r_w}$，$s=\frac{r_s}{r_w}$，$\delta=\frac{k_s}{k_h}$，得到任一深度处土体的平均孔压：

$$\hat{u}=\gamma_w f(z)\frac{\partial\varepsilon_v}{\partial t}+u_0\left(\frac{E}{H}z-D\right) \tag{5-20}$$

其中：

$$f(z)=\frac{(n^2-1)}{k_w}\left(\frac{C}{R_{wu}}H^2+CHz-\frac{z^2}{2}\right)+\frac{r_w^2}{8(n^2-1)k_h}\left[-n^4\left(3-2\ln\frac{n}{s}\right)-s^2(s^2-4n^2)+\frac{4n^2(1-s^2+n^2\ln s)+s^4-1}{\delta}\right)\right] \tag{5-21}$$

将式(5-1) 代入式(5-20) 整理得：

$$\frac{\partial\hat{u}}{\partial t}+\frac{E_s}{\gamma_w f(z)}\hat{u}=\frac{E_s u_0\left(\frac{E}{H}z-D\right)}{\gamma_w f(z)} \tag{5-22}$$

求解上式并利用$u|_{t=0}=p_0(z)$得：

$$\hat{u}=\left[p_0(z)-u_0\left(\frac{E}{H}z-D\right)\right]\mathrm{e}^{-\frac{E_s}{\gamma_w f(z)}t}+u_0\left(\frac{E}{H}z-D\right) \tag{5-23}$$

(2) 真空堆载联合预压阶段孔隙水压力求解

真空堆载联合预压阶段，依然用式(5-12) 对 z 求导，采用真空预压阶段推导的思路，得：

$$a=\frac{(r_e^2-r_w^2)\gamma_w}{r_w^2k_w}\frac{\partial\varepsilon_v}{\partial t}\left[\frac{H^2}{R_{wu}+R_{wl}}-C'Hz+(E'+C')\frac{z^2}{2}\right]-C'u_0-E'u_{t_1}-\frac{D'z}{H}(u_0-u_{t_1}) \tag{5-24}$$

$$b=\frac{(r_e^2-r_w^2)\gamma_w}{r_w^2k_w}\frac{\partial\varepsilon_v}{\partial t}C'H+\frac{D'(u_0-u_{t_1})}{H} \tag{5-25}$$

其中，$C'=\frac{R_{wu}}{R_{wu}+R_{wl}}$，$D'=\frac{R_{wu}R_{wl}}{R_{wu}+R_{wl}}$，$E'=\frac{R_{wl}}{R_{wu}+R_{wl}}$，故：

$$u_{\mathrm{w}}=\frac{(r_{\mathrm{e}}^{2}-r_{\mathrm{w}}^{2})\gamma_{\mathrm{w}}}{r_{\mathrm{w}}^{2}k_{\mathrm{w}}}\frac{\partial\varepsilon_{\mathrm{v}}}{\partial t}\left(\frac{C'+E'-1}{2}z^{2}+\frac{H^{2}}{R_{\mathrm{wu}}+R_{\mathrm{w}l}}\right)-C'(p_{0}+u_{0})+\left(\frac{2D'z}{H}-E'\right)u_{\mathrm{t}_{1}} \tag{5-26}$$

同真空预压阶段,对式(5-10)积分得到式(5-16),结合砂井井壁孔压连续条件$u|_{r=r_{\mathrm{w}}}=u_{\mathrm{w}}$及砂井涂抹区与土体界面上的孔压连续条件$u_{涂}|_{r=r_{\mathrm{s}}}=u_{土}|_{r=r_{\mathrm{s}}}$可求得积分常数$A$、$B$,并代入式(5-16),得:

$$u=\frac{\gamma_{\mathrm{w}}}{2k_{\mathrm{s}}}\frac{\partial\varepsilon_{\mathrm{v}}}{\partial t}\left[r_{\mathrm{e}}^{2}\ln\left(\frac{r}{r_{\mathrm{w}}}\right)-\frac{r^{2}-r_{\mathrm{w}}^{2}}{2}\right]+\frac{(r_{\mathrm{e}}^{2}-r_{\mathrm{w}}^{2})\gamma_{\mathrm{w}}}{r_{\mathrm{w}}^{2}k_{\mathrm{w}}}\frac{\partial\varepsilon_{\mathrm{v}}}{\partial t}\left(\frac{C'+E'-1}{2}z^{2}+\frac{H^{2}}{R_{\mathrm{wu}}+R_{\mathrm{w}l}}\right)-C'(p_{0}+u_{0})+\left(\frac{2D'z}{H}-E'\right)u_{\mathrm{t}_{1}},\ r_{\mathrm{w}}\leqslant r\leqslant r_{\mathrm{s}} \tag{5-27}$$

$$u=\frac{\gamma_{\mathrm{w}}}{2k_{\mathrm{h}}}\frac{\partial\varepsilon_{\mathrm{v}}}{\partial t}\left[r_{\mathrm{e}}^{2}\ln\left(\frac{r}{r_{\mathrm{s}}}\right)-\frac{r^{2}-r_{\mathrm{s}}^{2}}{2}\right]+\frac{\gamma_{\mathrm{w}}}{2k_{\mathrm{s}}}\frac{\partial\varepsilon_{\mathrm{v}}}{\partial t}\left[r_{\mathrm{e}}^{2}\ln\left(\frac{r_{\mathrm{s}}}{r_{\mathrm{w}}}\right)-\frac{r_{\mathrm{s}}^{2}-r_{\mathrm{w}}^{2}}{2}\right]+\frac{(r_{\mathrm{e}}^{2}-r_{\mathrm{w}}^{2})\gamma_{\mathrm{w}}}{r_{\mathrm{w}}^{2}k_{\mathrm{w}}}\frac{\partial\varepsilon_{\mathrm{v}}}{\partial t}\left(\frac{C'+E'-1}{2}z^{2}+\frac{H^{2}}{R_{\mathrm{wu}}+R_{\mathrm{w}l}}\right)-C'(p_{0}+u_{0})+\left(\frac{2D'z}{H}-E'\right)u_{\mathrm{t}_{1}},\ r_{\mathrm{s}}\leqslant r\leqslant r_{\mathrm{e}} \tag{5-28}$$

依然利用式(5-19),得到任一深度处土体的平均孔压:

$$\hat{u}=\gamma_{\mathrm{w}}f'(z)\frac{\partial\varepsilon_{\mathrm{v}}}{\partial t}-C'(p_{0}+u_{0})+\left(\frac{2D'z}{H}-E'\right)u_{\mathrm{t}_{1}} \tag{5-29}$$

其中:

$$f'(z)=\frac{(n^{2}-1)}{k_{\mathrm{w}}}\left(\frac{C'+E'-1}{2}z^{2}+\frac{H^{2}}{R_{\mathrm{wu}}+R_{\mathrm{w}l}}\right)-\frac{r_{\mathrm{w}}^{2}}{8(n^{2}-1)k_{\mathrm{h}}}\left[3n^{4}-4n^{2}s^{2}+s^{4}-4n^{2}\ln\frac{n}{s}-\frac{1+4n^{2}+s^{4}-4n^{2}s^{2}+4n^{4}\ln s}{\delta}\right] \tag{5-30}$$

将式(5-1)代入式(5-29)并整理得到：

$$\frac{\partial \hat{u}}{\partial t}+\frac{E_s}{\gamma_w f'(z)}\hat{u}=\frac{E_s\left[-C'(p_0+u_0)+\left(\frac{2D'z}{H}-E'\right)u_{t_1}\right]}{\gamma_w f'(z)} \tag{5-31}$$

求解上式并利用$u|_{t=0}=p_0(z)+u_{t_1}$[此时 $p_0(z)$ 为堆载在土中产生的附加应力，u_{t_1} 为经历 t_1 时间真空压力作用后土体的孔隙水压力]，得：

$$\hat{u}=\left[p_0(z)+u_{t_1}+C'(p_0+u_0)-\left(\frac{2D'z}{H}-E'\right)u_{t_1}\right]\mathrm{e}^{-\frac{E_s}{\gamma_w f'(z)}t}-C'(p_0+u_0)+\left(\frac{2D'z}{H}-E'\right)u_{t_1} \tag{5-32}$$

5.3　超孔隙水压监测工程实例计算与分析

以高铁软基处理试验段为例，根据工程实际情况可知，砂垫层厚 0.5 m，故取砂垫层渗径 $L_u=0.5$ m，渗透系数 $k_u=3\times10^{-2}$ cm/s；下卧层为厚约 5 m 的黏土，故下卧层渗径 $L_l=5$ m，渗透系数 $k_l=3.6\times10^{-3}$ cm/s。由此计算出砂井上边界和下边界透水系数分别为 $R_{wu}=38$，$R_{wl}=0.456$，进而计算出参数 C、D、E 及 C'、D'、E' 分别为 0.837、0.992、0.311 及 0.988、0.451、0.012。

实际根据塑料排水板规格计算，采用公式[142] $r_w=\alpha(a+b)/4$（a 为排水板宽度 100 mm，b 为排水板厚度 4 mm，α 为换算系数，取 2）将其换算并取十位整作为砂井等效半径 r_w，则 $r_w=50$ mm，影响区半径 r_e 为砂井半径的 6～8 倍，取为 350 mm，涂抹区半径 r_s 为砂井半径的 3 倍，取为 150 mm，计算出$n=7$，$s=3$。砂井渗透系数 $k_w=3\times10^{-2}$ cm/s，土体渗透系数 $k_h=1.44\times10^{-7}$ cm/s，涂抹区渗透系数 $k_s=2.88\times10^{-8}$ cm/s，计算出 $\delta=0.2$。土体压缩模量 $E_s=4350$ kPa，计算厚度 $H=19$ m，水的容重 $\gamma_w=10$ kN/m^3。由于持续 56 d 的纯真空预压阶段，路基顶面铺设了约 0.5 m 厚的砂垫层，取砂容重为 20 kN/m^3，可算出软基顶面附加应力为 $p_0=10$ kPa，进而可以算出不同深度处的附加应力

$p_0(z)$，如图 5-2 所示。真空堆载联合预压阶段持续时间为 71 d，堆载分五级加载，每级 20 kPa，共 100 kPa。抽真空 8 h 后，膜下真空度就达到了 80 kPa，故真空荷载 $u_0=-80$ kPa。

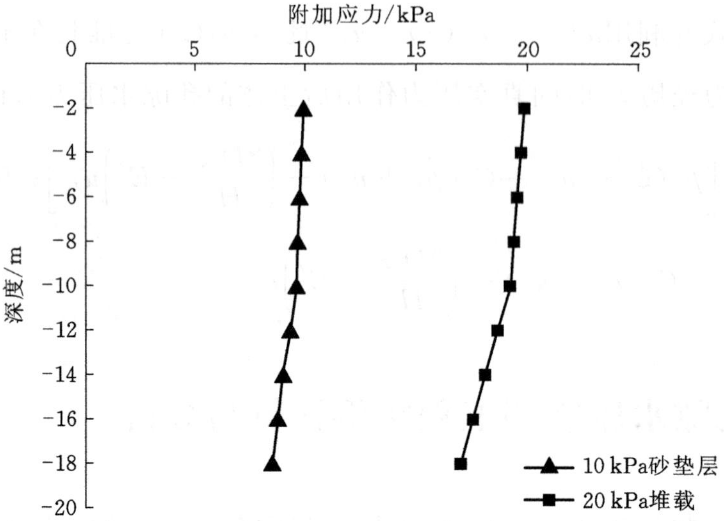

图 5-2　附加应力沿深度分布曲线

真空预压阶段，将 n、s、r_w、k_w、k_h、C、H、R_{wu}、δ 代入式(5-21)，并选取不同的深度，计算得到 $f(z)$ 值。将 $f(z)$、$p_0(z)$、u_0、E、D、H、γ_w、E_s 代入式(5-23)中，并选取不同的时间点计算，得到真空预压阶段地基径向平均孔压。

真空堆载联合预压阶段，将 n、s、r_w、k_w、k_h、C'、E'、H、R_{wu}、R_{wl}、δ 代入式(5-30)中，并选取不同的深度，计算得到 $f'(z)$值。将 $f'(z)$、$p_0(z)$、u_{t_1}、u_0、C'、D'、E'、H、γ_w、E_s、u_{t_1} 代入式(5-32)中，并选取不同时间点计算，得到真空堆载联合预压阶段地基径向平均孔压。第 1 级堆载计算时的 u_{t_1} 为单独真空预压结束时的土层底部孔隙水压力，后续各级堆载计算时的 u_{t_1} 为前一级堆载结束时的土层底部孔隙水压力。

绘制各点孔隙水压计算结果随时间变化曲线，如图 5-3 所示。从图 5-3 中孔压计算值可以看出，在整个加载过程中，土中不同深度处孔隙水压力变化非常明显。不同时段孔压变化现象描述详见表 5-1。

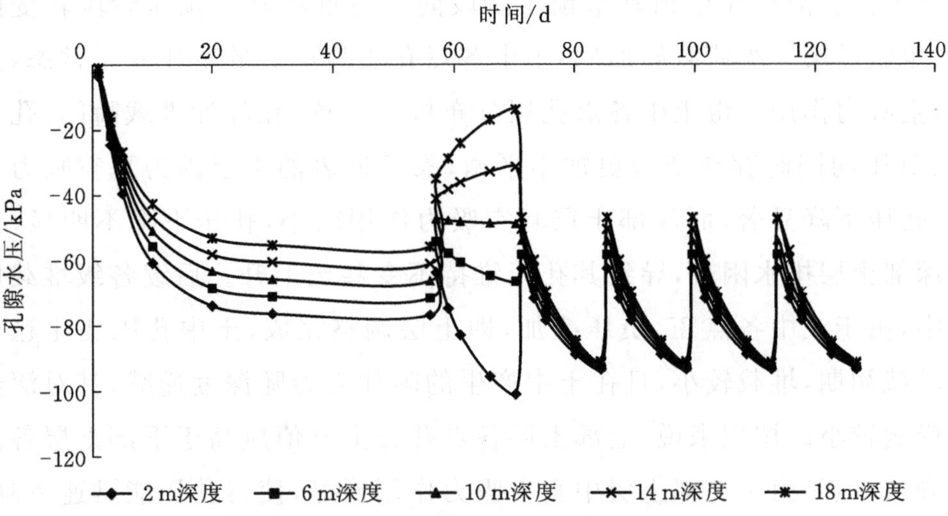

图 5-3　不同深度土中孔隙水压力计算值

表 5-1　不同时段孔压变化现象描述

时段	孔压变化现象
真空 (0～10 d)	各点孔压下降非常迅速，下降范围 42.56～60.72 kPa
真空 (10～20 d)	各点孔压下降速率逐渐降低，最终稳定在－73.78～－53.06 kPa
真空 (20～56 d)	各点孔压下降速率更小，最终稳定在－74～－53 kPa
真空加第 1 级堆载 (56～70.2 d)	施加瞬间，2 m 处孔压上升值最小，为13.04 kPa，18 m 处孔压上升值最大，为 20.81 kPa。随后 10 m 处孔压随时间的推移几乎无变化，2 m、4 m 处孔压随时间的推移下降明显，而14 m、18 m 处孔压却随时间的推移而增加
真空加第 2 级堆载 (70.2～84.4 d)	施加瞬间，2 m、4 m 处孔压有瞬增。中部及深部土层下降明显
真空加第 3、第 4、第 5 级堆载 (84.4～127 d)	施加瞬间，各点孔压均有瞬增，上升 30.85～44.18 kPa

抽真空使得膜下砂垫层中的孔压变为负值并迅速达到－80 kPa 左右，随后迅速传递至排水板中并向周围土体扩散。真空预压阶段吸力作用后，土中各点孔压稳定在不同的负值。第 1 级堆载瞬时施加后土中各点孔压将从不同的负值瞬增，包括后续各级堆载施加后土中孔压瞬增现象，这些都符合太沙

基固结理论。但是在单独真空预压阶段向真空堆载联合预压阶段转变的过程中,也就是第1级荷载施加后,土中各点孔压瞬增后的变化异于常态,这表明:真空吸力作用使得土中各点孔压分布极不平衡,在施加堆载瞬间,孔压由于正、负压的同时存在变得更加不平衡,靠近地表的土层因为真空吸力作用较大,孔压下降显著,而深部土层真空吸力作用较小,孔压下降不明显,甚至由于深部土层排水困难,导致其孔压维持不变甚至上升。后续各级堆载施加过程中,由于土中各点正、负压叠加,即土层调整完成,土中孔压变化趋于稳定。堆载初期,堆载较小,且在土中产生的附加应力随深度递减,其对深部土层的影响较小。按理来说,上部土层各点孔压上升值应高于下部土层各点孔压上升值,但是由于上部土层中真空吸力作用明显,使得孔压能迅速下降,因此第1级堆载瞬间,上部土层的孔压上升值低于下部土层孔压上升值,且随时间迅速降低,这时加固任务主要还是由真空荷载完成。堆载中后期,随着堆载荷载的增大,其对深部土层的影响逐渐明显,导致深部土层孔压上升明显,且高于上部土层。相同深度处各点,除第1、第2级堆载荷载后的孔压消散值有差别,在第3级至第5级堆载荷载后孔压消散值几乎一致,深度越大孔压消散速率也越大。单独真空预压阶段,不同深度处各点孔压最终稳定在不同的恒定值,其绝对值随深度增加而衰减;真空堆载联合预压阶段,虽然几乎每级荷载刚施加时各点孔压有瞬增现象,但随着时间增长,孔压几乎都迅速降低,各深度处的孔压值降低至比单独真空预压阶段结束时的孔压值更小,最终几乎稳定于相同的恒定值,为92 kPa左右。

图5-4所示为14 m深度处的先真空预压后分级堆载(每级20 kPa)的孔压计算值、孔压实测值、相应的对数拟合趋势线,以及14 m深度处先真空预压后一次性堆载的孔压计算值、相应对数拟合趋势线。在单独真空预压阶段(共56 d)的前10 d及后10 d,计算值与实测值较接近,中间段离散程度较大,这可能是抽真空20多天时射流泵停泵造成的,在继续抽真空后,实测值与计算值的变化又恢复到原来的变化轨迹。对比实测孔压对数拟合曲线,发现经对数曲线回归分析得到的先真空预压后分级堆载的孔压计算值拟合曲线明显优于先真空预压后一次性堆载的孔压计算值拟合曲线。在真空堆载联合预压期内,孔压实测值有明显的上升阶段,与真空预压后分级堆载计算值的

"锯齿形"曲线变化有差别，这是计算时将总堆载荷载 100 kPa 分成理想化的 5 级加载而实际施工时施加堆载较密集、均匀造成的。实际施加堆载密集、均匀，每级加载很小，导致每级堆载下土体孔压上升和消散现象不明显。但其对数拟合线变化趋势与计算值对数拟合线变化趋势几乎一致。单独真空预压阶段，土体孔压计算值随时间变化曲线平滑且规律明显，而实测值有较大起伏。在解析公式推导过程中，计算图示假设土层构造为水平状态，土层厚度各处相同，作了 5 条基本假定，采用的渗透系数为室内试验结果等，而实际土层构造厚度不一，在土体固结过程中 5 条基本假定及所采用的计算参数与实际有些许出入，这些导致了计算值与实测值的离散现象。

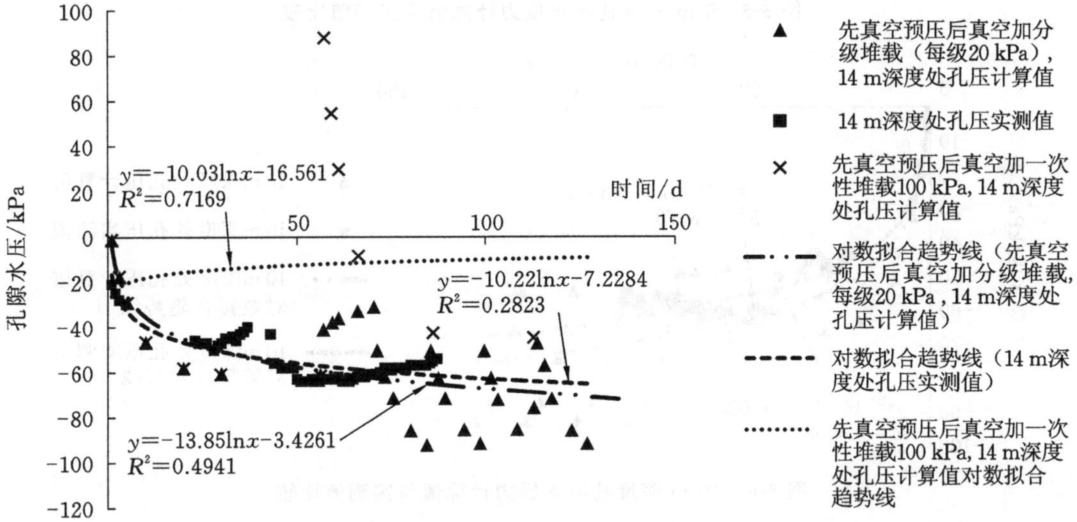

图 5-4　14 m 深度孔压计算值与实测值比较

图 5-5、图 5-6 所示分别为 6 m 和 10 m 深度处孔压计算值和实测值的时间变化曲线比较，且均给出了对数拟合趋势线，其变化规律与图 5-4 基本一致。

图 5-7 所示为第 56 天、57 天、59 天、61 天、70 天、84 天孔压随深度的分布规律，单独真空预压结束时(第 56 天)，孔压计算值的绝对值随深度的增加线性减小，埋深越浅，孔压计算值的绝对值越大。但是在施加的各级堆载未稳定时间段，孔压随深度的分布并非线性分布，在施加的各级堆载稳定后，孔压值沿深度成线性分布。各级堆载打破前一级荷载的线性稳定渗流，使得各点孔压分布不平衡，但在经过一段时间后，土体变形稳定而使得孔隙水稳定渗流。

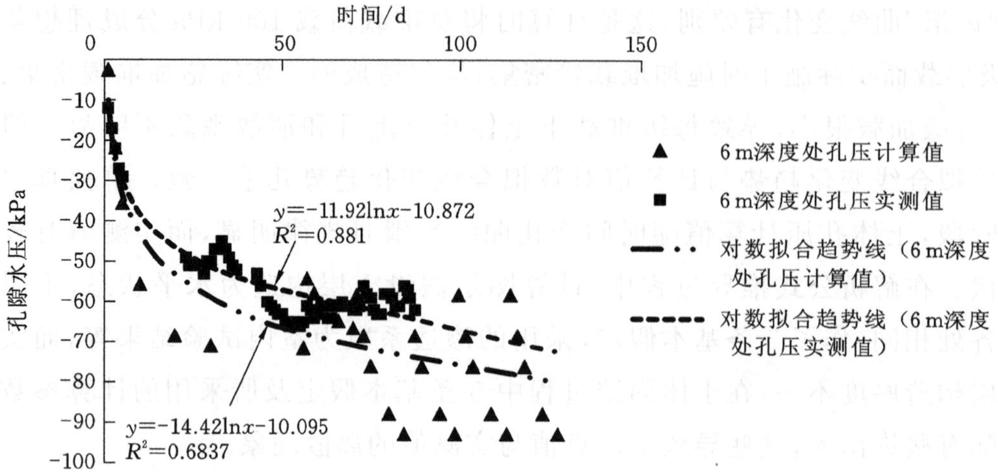

图 5-5　6 m 深度孔隙水压力计算值与实测值比较

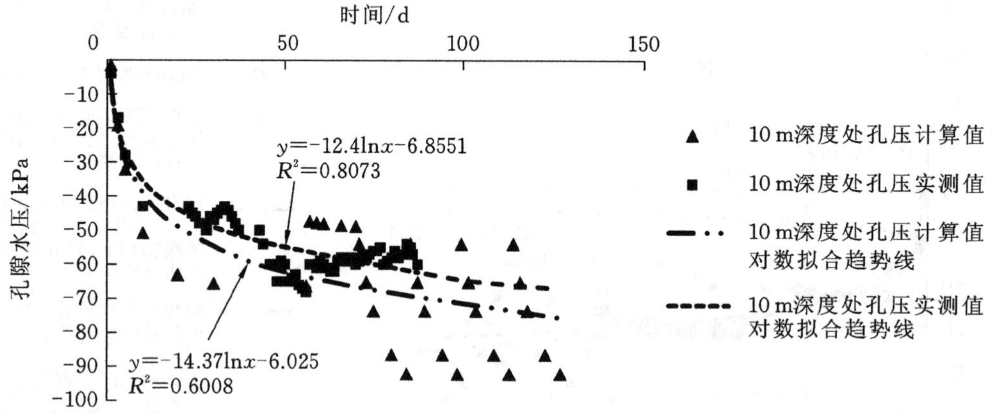

图 5-6　10 m 深度孔隙水压力计算值与实测值比较

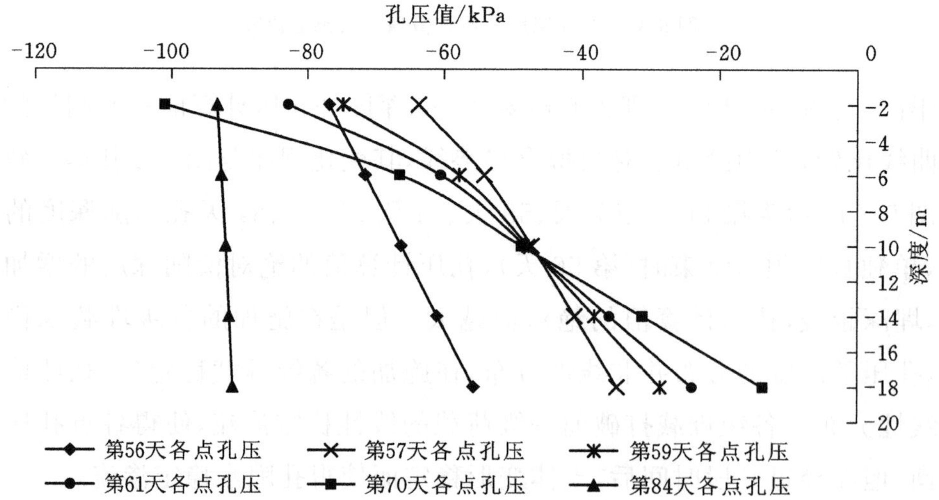

图 5-7　孔压沿深度变化的计算值

5.4　本章小结

（1）推导真空堆载联合预压下土体孔隙水压力解析解，必须考虑真空荷载和堆载的实际加载组合顺序。所推导的孔隙水压力解析解能较合理地揭示真空堆载联合预压工法下土体孔隙水压力的时空变化规律。

（2）在真空堆载联合预压阶段的土体孔隙水压力计算中，将全部堆载视为瞬间一次性堆载，与工程实际施工过程相悖，其计算值与实测值明显不符。为此，在没有其他更好的方法之前可将堆载分级施加，虽然孔隙水压力-时间变化曲线明显呈"锯齿形"，但经对数曲线拟合后的结果较为合理。

（3）在每一阶段孔隙水压力计算过程中，应计入前一阶段荷载（包括真空荷载及分级堆载）作用结束时土层底部的孔压值。

（4）真空堆载联合预压阶段的分级堆载，在第一级堆载施加时将打破前期单独真空预压阶段最终形成的土中水的稳定渗流，使得不同深度处孔压不平衡，这将使真空堆载联合预压工法的效果更明显。

（5）真空堆载联合预压土体的最终孔隙水压力值为负值，其绝对值最终高于单独真空预压负压场孔压值的绝对值。

第6章　真空堆载正负压叠加作用下软基沉降孔压对比研究

6.1　引言

稳定与平顺的轨道是列车高速、安全、舒适运行必不可少的重要条件之一。而路基是轨道的基础，高速铁路要求路基稳定、不易变形、刚度大且纵向分布均匀，从而实现轨道的稳定和平顺。真空堆载联合预压工法是一种排水固结加固软基方法，这种方法处理含水量大、压缩性高、强度低、透水性强且埋藏深的软弱黏土地基非常有效。

虽然众多学者引入砂井固结理论，借鉴堆载计算软基固结的方法，通过改变荷载边界条件推导出了适合真空预压及真空堆载联合预压的固结解析精确解[143]，但这些方法因假设条件简化过多，推导过程晦涩复杂，参数数量多且要求高，使得计算结果与实际结果出入较大，不便于实际应用推广。

一方面近年来，一些学者使用各种软件开展数值模拟研究，期望获得真空预压及真空堆载联合预压实际工程的固结近似解[144]。但这方面的文献偏少，且在具体实施过程中基本上都是使用平面应变模型替代三维实际情况。虽然不少工程实例获得了比较理想的结果，但是真空预压及堆载预压作用下的软基，其渗流及力学作用均为三维情况，理应用三维模型开展研究。另一方面，虽然流固耦合数值模拟方法被广泛应用于岩土工程领域，但是其应用于真空预压及真空堆载联合预压加固软基典型项目的范例较少。在理论探索和实践应用过程中，真空预压及真空堆载联合预压加固软基的力学扰动和流体扰动均十分显著，因此采用流固耦合方法分析该工法下软基的沉降和孔压规律十分重要。

本章拟引入一个高铁真空堆载加固软基工程实例，采用有限差分法软件，建立单砂井地基真空堆载联合预压作用下的固结计算模型，通过模拟现场土层分布，运用试验获得的参数计算土体固结过程，并将计算结果与实际测量值进行对比分析，期望为该工法下软基的设计施工提供参考与借鉴。

软基加固试验段位于江苏昆山，该试验段土层属于第四系全新统冲湖积层，自上而下主要由黏土、淤泥质粉质黏土、粉质黏土、粉砂等地层构成，现场取样实验结果如表 6-1 所示。

表 6-1　土层实验参数表

项目	含水量 w /%	容重 γ /(kN/m³)	天然孔隙比 e	液限 w_L	塑限 w_P	塑性指数 I_P	黏聚力(固结快剪)c/kPa
黏土	31.9	19.2	0.89	40.9	19.7	21.1	14
淤泥质粉质黏土	44.4	17.8	1.23	35.8	19.9	16	3.7
粉质黏土夹薄层粉砂	35	18.8	0.97	33.2	19.8	15.5	4

项目	内摩擦角(固结快剪) φ/°	无侧限抗压强度 / kPa	压缩模量 E_s /MPa	压缩系数 a_v /MPa^{-1}	垂直渗透系数 $k_{v100\sim200}$ /($\times10^{-7}$ cm/s)	水平渗透系数 $k_{h100\sim200}$ /($\times10^{-7}$ cm/s)
黏土	15.5	92.9	4.61	0.39	0.52	0.4
淤泥质粉质黏土	18.9	34.3	4.35	0.89	0.68	1.44
粉质黏土夹薄层粉砂	26.7	92.6	8.77	0.21	0.57	

《京沪高速铁路设计暂行规定》规定：竣工初期年沉降速率小于或等于 3 cm，路堤工后沉降小于或等于 10 cm，桥路过渡段路基工后沉降小于或等于 5 cm。软基加固方案及加固效果要求极高。经过多方论证，软基加固采用真空堆载联合预压法，先真空预压 56 d 后再真空堆载联合预压，堆载至路基顶面，堆载历经时间为 71 d。利用沉降板、沉降仪、孔压计等仪器设备对沉降和孔压进行监测，获得了大量实测数据。

数值分析计算横断面表层为约 1 m 厚的中等压缩性黏土层，硬塑；其下为约 17 m 厚的高压缩性淤泥质粉质黏土，流塑；底部为约 5 m 厚的中等偏低压缩性粉质黏土，硬塑。地下水位埋深 0.5～1.5 m。

6.2 建立3D流固耦合模型

因基于拉格朗日连续介质法的有限差分法软件具有极强的复杂工程问题分析能力，故能进行岩土材料的力学渗流耦合研究。本节采用该软件模拟真空堆载联合作用下软基土体流固耦合作用。

6.2.1 土体本构及渗流模型

众多岩土本构模型中，摩尔-库伦塑性本构模型是最通用的，适用于在剪应力作用下屈服的材料，如松散或胶结的颗粒状土体。因此，采用摩尔-库伦塑性本构模型模拟土体应力应变关系，采用各向异性渗流模型设置三维渗透系数模拟土体各向异性渗流特性，具有实际意义。计算参数见表6-1。

6.2.2 网格划分

整个模型范围：2.8 m×2.8 m×23 m。单砂井地基轴对称，取四分之一进行计算，计算模型宽度1.4 m，深度23 m。依据文献[145-146]，将实际工程的塑料排水板地基转化为砂井地基，考虑涂抹层后建立单砂井地基固结模型网格，砂井半径0.05 m，涂抹层半径0.15 m，影响区半径0.35 m。单独土层各为1组，分属不同土层的涂抹层各为1组，砂井独立为1组，共划分6组，共划分为2128个单元，2772个结点，如图6-1所示。

6.2.3 边界、初始条件

顶面视为自由边界；因深度极深，故模型底面视为无位移，设置为固定边界；因受周围土体约束，模型四侧面均视为无水平方向位移，但有垂直方向位移；模型六面均视为透水边界。假设地下水位与地面平齐，模型顶面结点静止孔隙水压力为0 kPa，按10 kPa梯度沿深度线性增加。初始应力场为重力场，设置重力加速度，将密度赋值给各分组，并赋值各分组自重应力分布，计算最终初始应力场。计算达到平衡后，将整个模型结点变形及速率调整为0。

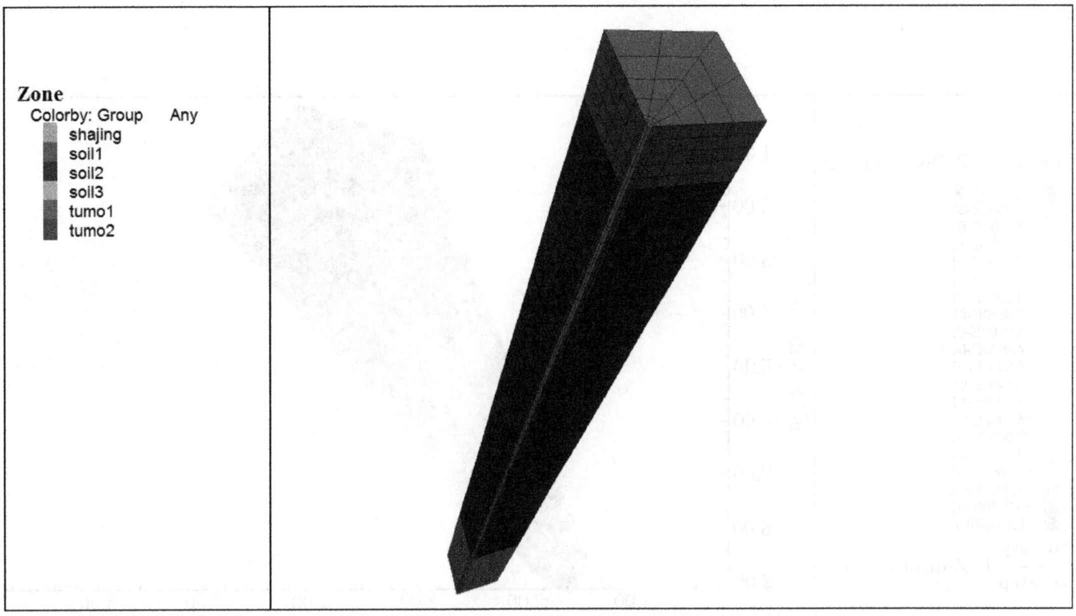

图 6-1　模型网格图

在流固耦合数值分析中，真空预压的 56 d，因膜下真空度快速达到 80 kPa 以上，将模型顶部结点孔隙水压力调整为 −80 kPa。真空荷载影响深度拟定在砂井底部，此处结点没有真空引起的负超孔压，只有静孔压，为 0 kPa。砂井范围内结点孔压按照线性分布，从顶部的 −80 kPa 变为 0 kPa，编制子循环命令流实现真空荷载的施加。不平衡力比例设置为 10^{-4}。运用主从程序法求解，力学子步数从属于渗流子步数，渗流时间设置为 4.8483×10^{7} s。

路基填土 5 m，故堆载分为五级施加，每一级 20 kPa，共 100 kPa，每一级堆载施工间隔时间为 14.2 d。堆载施加在模型顶面，用均布荷载替代堆载。真空堆载联合预压阶段的真空荷载施加设置与单独真空预压的施加设置相同。

6.3　计算结果分析

6.3.1　沉降分析

图 6-2 所示为各阶段荷载作用下软基沉降变化云图。

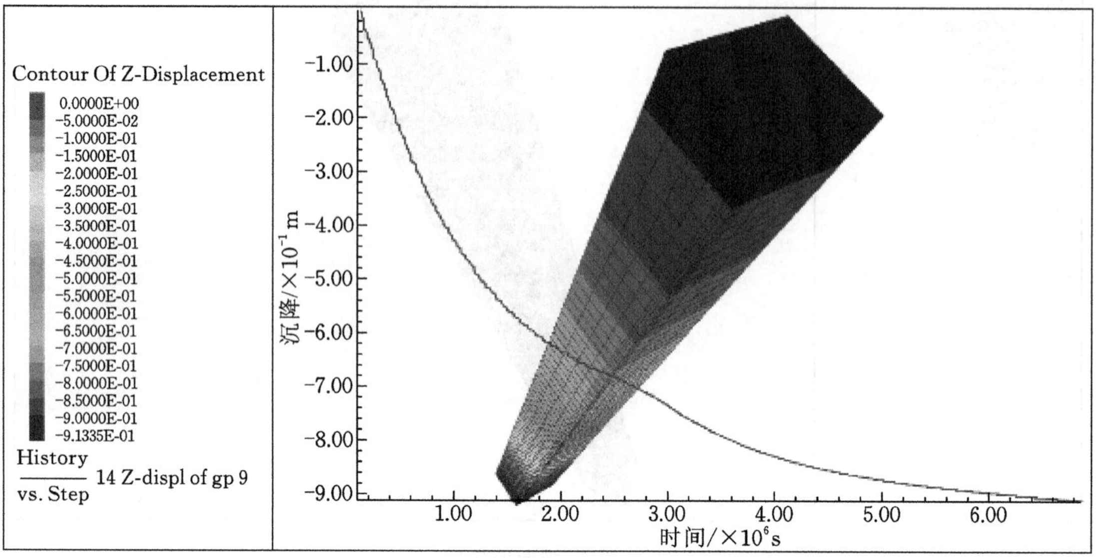
Contour Of Z-Displacement
0.0000E+00
-5.0000E-02
-1.0000E-01
-1.5000E-01
-2.0000E-01
-2.5000E-01
-3.0000E-01
-3.5000E-01
-4.0000E-01
-4.5000E-01
-5.0000E-01
-5.5000E-01
-6.0000E-01
-6.5000E-01
-7.0000E-01
-7.5000E-01
-8.0000E-01
-8.5000E-01
-9.0000E-01
-9.1335E-01
History
14 Z-displ of gp 9
vs. Step
沉降/×10⁻¹ m
-1.00
-2.00
-3.00
-4.00
-5.00
-6.00
-7.00
-8.00
-9.00
1.00
2.00
3.00
4.00
5.00
6.00
时间/×10⁶s

(a)

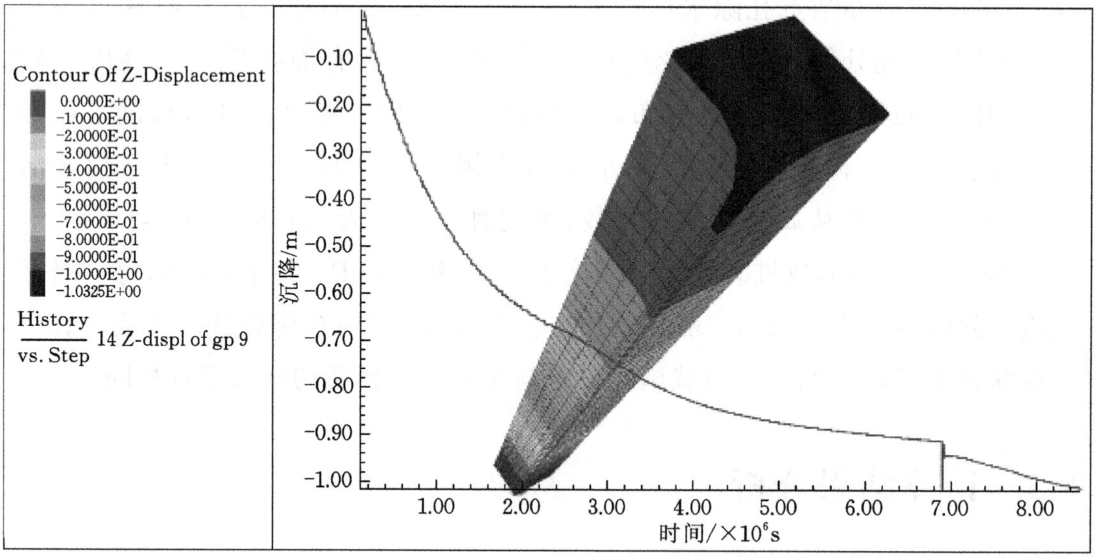
Contour Of Z-Displacement
0.0000E+00
-1.0000E-01
-2.0000E-01
-3.0000E-01
-4.0000E-01
-5.0000E-01
-6.0000E-01
-7.0000E-01
-8.0000E-01
-9.0000E-01
-1.0000E+00
-1.0325E+00
History
14 Z-displ of gp 9
vs. Step
沉降/m
-0.10
-0.20
-0.30
-0.40
-0.50
-0.60
-0.70
-0.80
-0.90
-1.00
1.00
2.00
3.00
4.00
5.00
6.00
7.00
8.00
时间/×10⁶s

(b)

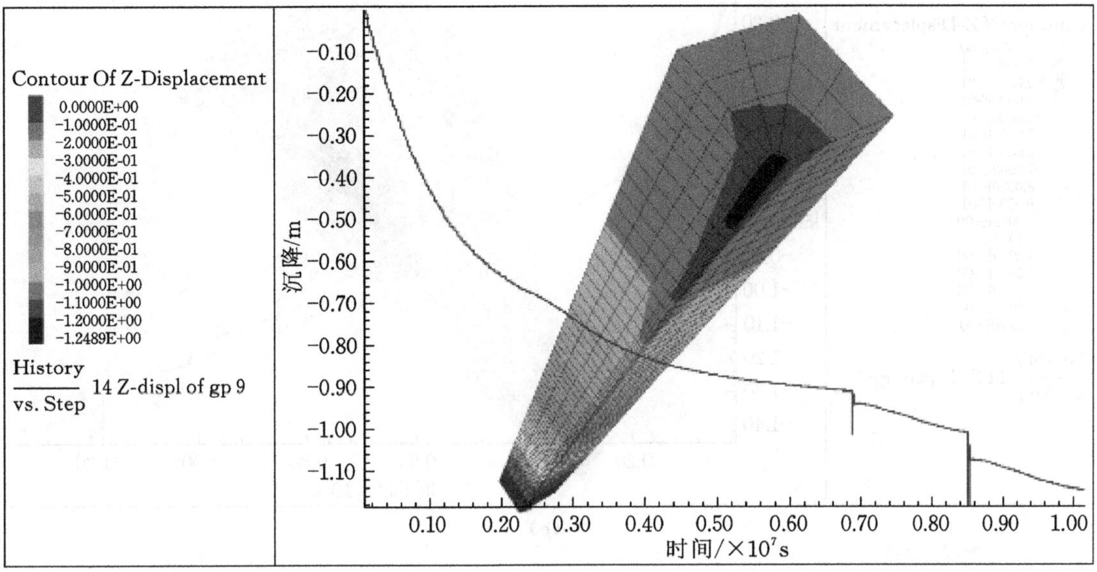
Contour Of Z-Displacement
0.0000E+00
-1.0000E-01
-2.0000E-01
-3.0000E-01
-4.0000E-01
-5.0000E-01
-6.0000E-01
-7.0000E-01
-8.0000E-01
-9.0000E-01
-1.0000E+00
-1.1000E+00
-1.2000E+00
-1.2489E+00
History
14 Z-displ of gp 9
vs. Step
沉降/m
时间/×10⁷s

(c)

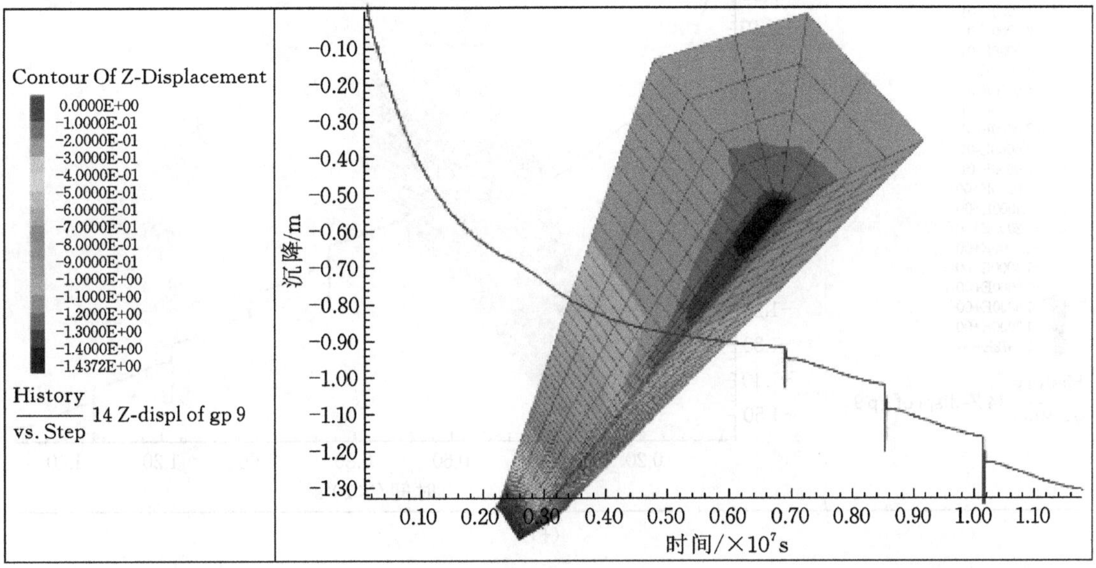
Contour Of Z-Displacement
0.0000E+00
-1.0000E-01
-2.0000E-01
-3.0000E-01
-4.0000E-01
-5.0000E-01
-6.0000E-01
-7.0000E-01
-8.0000E-01
-9.0000E-01
-1.0000E+00
-1.1000E+00
-1.2000E+00
-1.3000E+00
-1.4000E+00
-1.4372E+00
History
14 Z-displ of gp 9
vs. Step
沉降/m
时间/×10⁷s

(d)

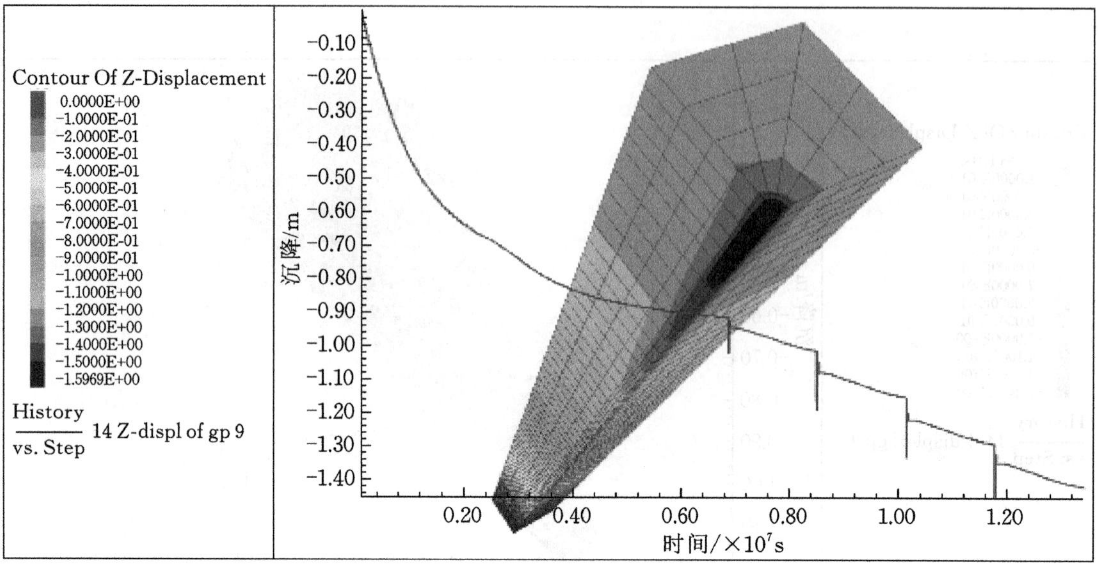

(e)

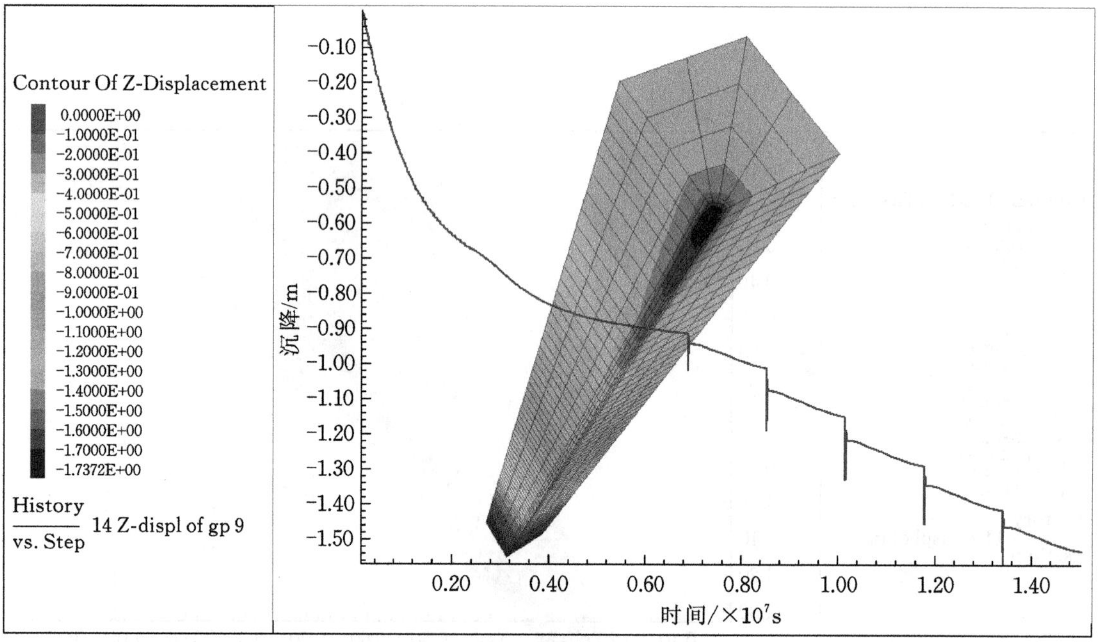

(f)

图 6-2 各级荷载沉降变化云图

(a)单独真空荷;(b)真空加一级堆载;(c)真空加二级堆载;

(d)真空加三级堆载;(e)真空加四级堆载;(f)真空加五级堆载

单独真空预压阶段，同一水平面上沉降非常均匀，表层沉降计算值最终稳定在90 cm左右，砂井、涂抹层及土体中差异都不大；实测沉降值在同一水平面上差距也不大。真空堆载联合预压阶段，每一级堆载施加瞬间，土体沉降都有瞬时增大，接着又瞬时减小到一定程度，瞬时减小值小于瞬时增大值；第一级堆载沉降波动幅度较小，第二级至第五级堆载沉降波动幅度较大且基本一致；沉降经历瞬时波动之后，继续随时间发展。真空堆载联合预压阶段，同一水平面上沉降差异显现出来，砂井位置沉降最大，沿砂井半径方向沉降逐渐减小，呈现以砂井为“锅底”中心的“锅底”形沉降。

电算中所设置的各土层完全水平，实际土层并非完全水平，且因厚薄不一而存在各向异性，因而在单独真空预压阶段，土体在等向负压作用下沉降计算结果在同一平面上非常均匀，实际土体沉降虽然有差异但是不大。在真空堆载联合预压阶段，后施加的堆载使得土体不仅受等向负压作用，而且受到非等向正压作用，软基宏观上就表现出了单独堆载作用下的“锅底”形沉降，沉降差异显现出来。堆载施加瞬间，实际软基存在瞬时沉降，一般认为是土体剪切变形造成的。真空堆载联合预压阶段，分级荷载的瞬间施加会使得软基中孔压瞬间上升，软基沉降计算值也会有瞬时增大现象且增大值较大，但是由于软基中存在较稳定的负压，将会使得沉降瞬时减小，正负压叠加效果明显，沉降继续随时间发展。

因实际施工填土速率较均匀，不会像电算一样将填土荷载分为固定的五级瞬间施加，所以实测沉降曲线不会出现大幅波动调整。整理电算沉降数据，作分层沉降-时间计算曲线，如图6-3所示。单独真空预压阶段(0～56 d)，软基沉降在0～30 d发展非常迅速，30 d之后沉降发展明显变缓，最终趋于稳定；地表土体沉降量最大，随深度增加沉降量逐渐变小，越靠近地表沉降量变化越迅速、越明显，越深沉降量变化越缓慢、越不明显。真空堆载联合预压阶段(57～127 d)，沉降随分级堆载的施加又逐渐发展。

图6-4所示为表层沉降-时间计算曲线及实测值曲线。由图6-4可知，计算曲线发展趋势与实测值一致。0～5 d，计算曲线与实测值曲线高度吻合；5～60 d，计算曲线与实测值有一定差距，差距为10 cm左右；60 d之后，计算

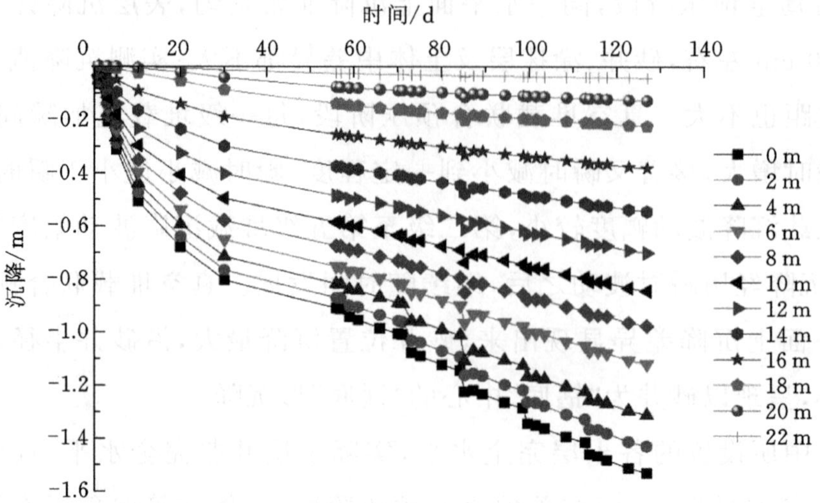

图 6-3　分层沉降-时间计算曲线

曲线与实测值曲线的差距逐渐减小;105～127 d,两条曲线高度吻合。真空荷载使软基产生负孔压,堆载荷载使软基产生正孔压,正、负孔压相互叠加的不均衡作用使土体固结。在整个软基加固过程中,孔压不均衡的波动使得土体颗粒不断调整压密,宏观上体现为沉降-时间曲线不顺滑、各时间段实测值和计算值有差异,但最终沉降结果基本一致。

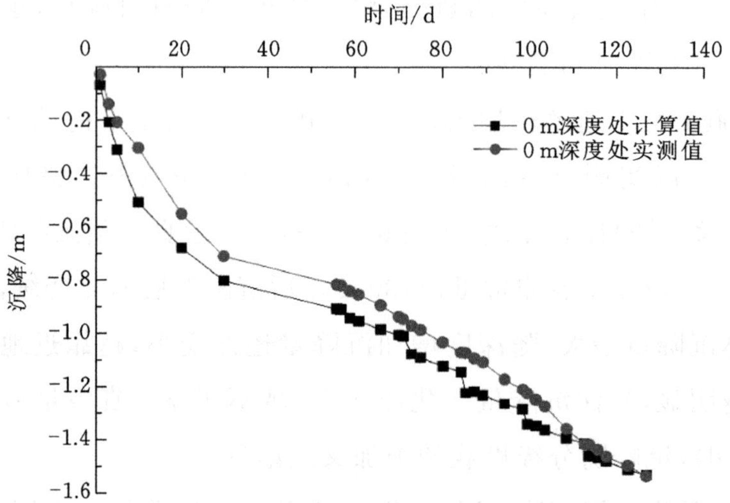

图 6-4　0 m 深度处沉降-时间曲线

6.3.2　孔隙水压力分析

图 6-5 所示为各阶段荷载孔压变化云图。

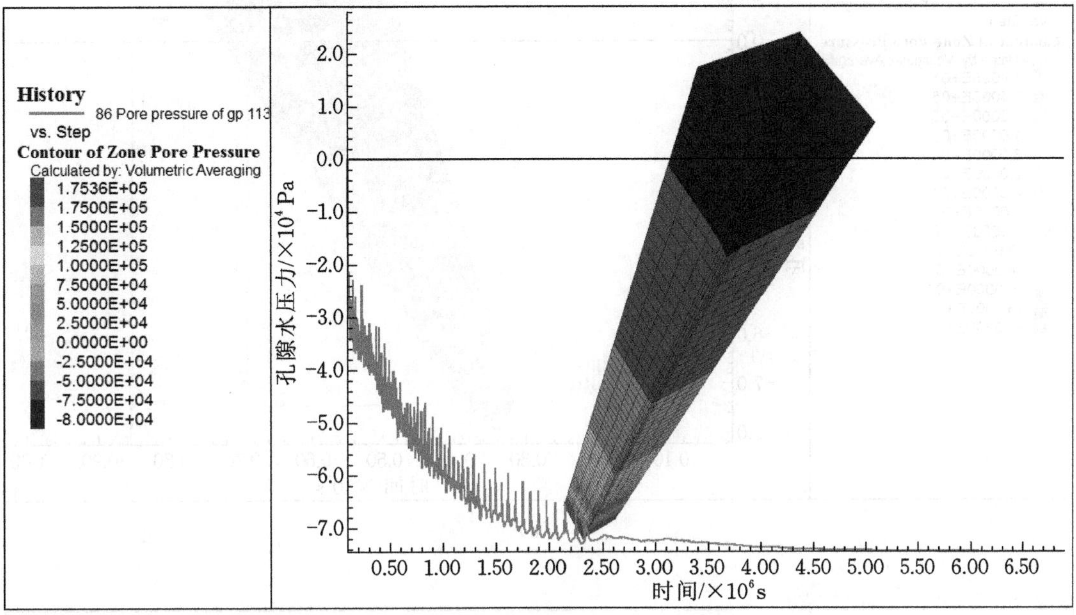

（a）

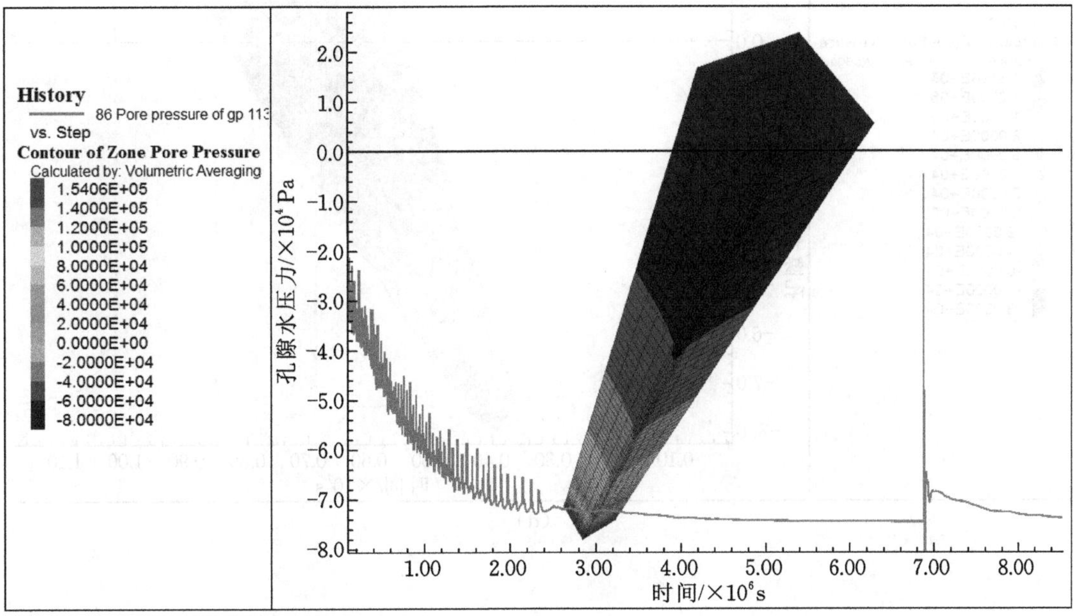

（b）

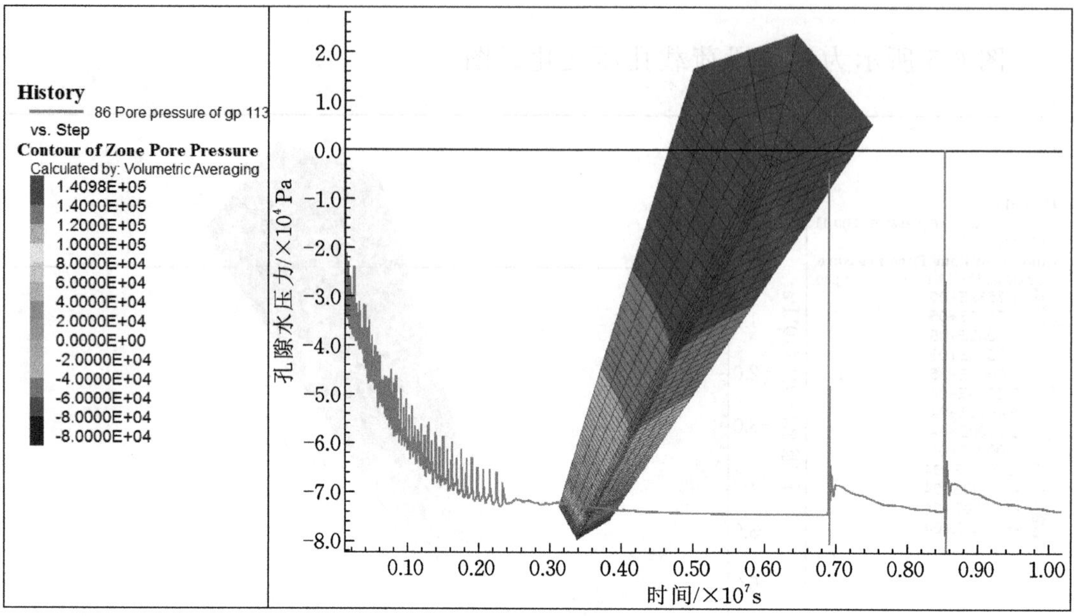
History
86 Pore pressure of gp 113
vs. Step
Contour of Zone Pore Pressure
Calculated by: Volumetric Averaging
1.4098E+05
1.4000E+05
1.2000E+05
1.0000E+05
8.0000E+04
6.0000E+04
4.0000E+04
2.0000E+04
0.0000E+00
-2.0000E+04
-4.0000E+04
-6.0000E+04
-8.0000E+04
-8.0000E+04
孔隙水压力/×10⁴ Pa
时间/×10⁷s

(c)

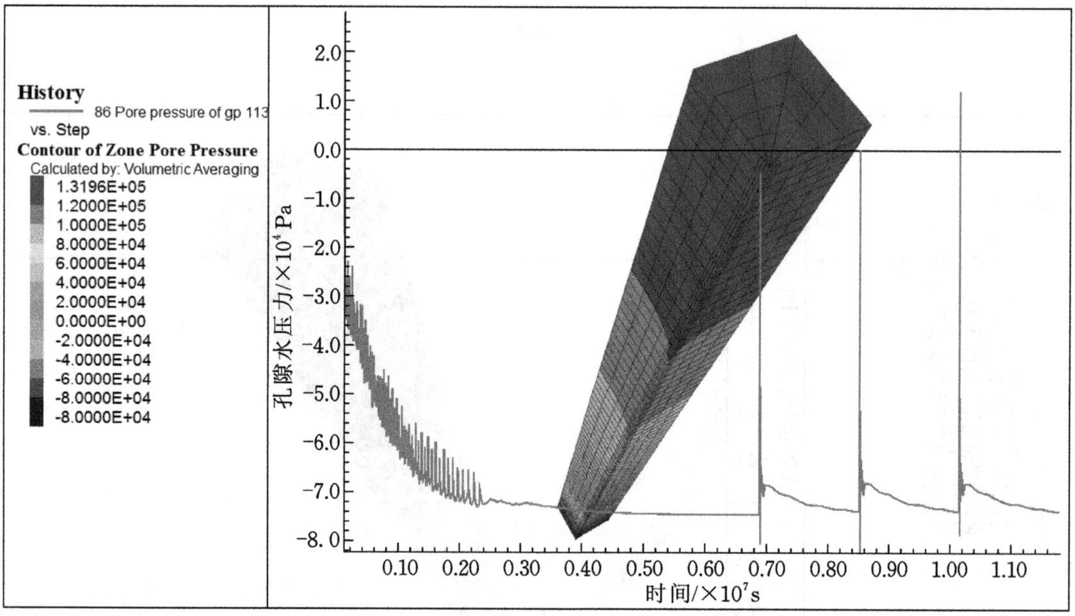
History
86 Pore pressure of gp 113
vs. Step
Contour of Zone Pore Pressure
Calculated by: Volumetric Averaging
1.3196E+05
1.2000E+05
1.0000E+05
8.0000E+04
6.0000E+04
4.0000E+04
2.0000E+04
0.0000E+00
-2.0000E+04
-4.0000E+04
-6.0000E+04
-8.0000E+04
-8.0000E+04
孔隙水压力/×10⁴ Pa
时间/×10⁷s

(d)

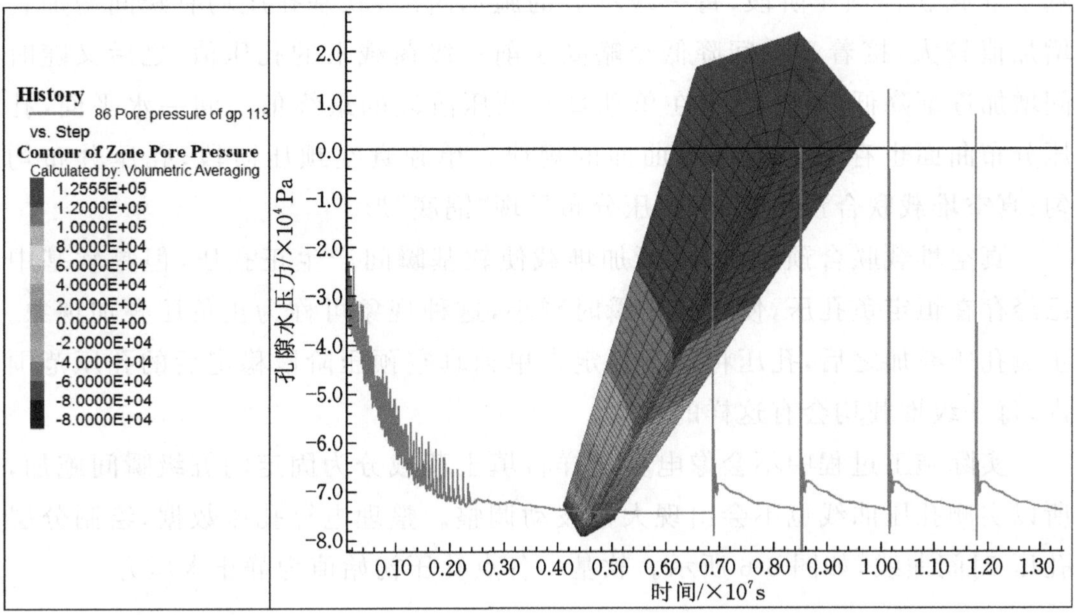

(e)

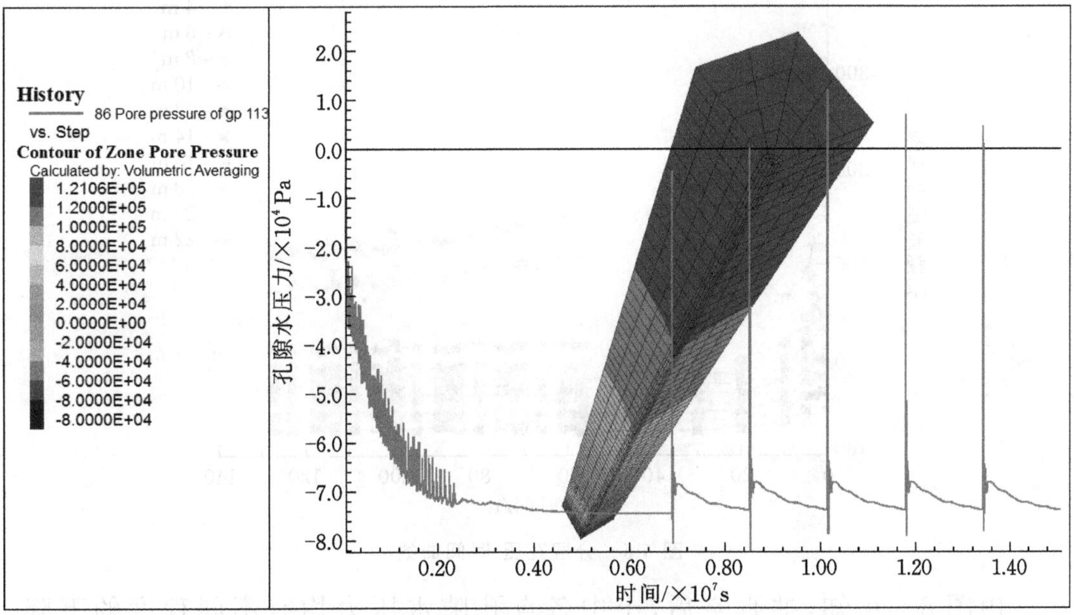

(f)

图 6-5　各级荷载孔压变化云图

(a)单独真空荷载；(b)真空加一级堆载；(c)真空加二级堆载；

(d)真空加三级堆载；(e)真空加四级堆载；(f)真空加五级堆载

单独真空预压阶段，0～20 d孔压波动非常大且迅速下降至负的恒定值。真空堆载联合预压阶段，每一级堆载的施加瞬间，软基孔压均有瞬间增加且增加值较大，接着又瞬间降低至略高于前一级荷载下的孔压值，之后又随时间增加逐渐降低，最终稳定在单独真空预压阶段的最终值。同一水平面，孔压分布曲面也存在类似沉降曲面的规律。单独真空预压阶段，孔压分布均匀；真空堆载联合预压阶段，孔压分布呈现"锅底"形。

真空堆载联合预压阶段，所加堆载使软基瞬间产生正孔压，但是软基中已经存在恒定负孔压，使正孔压瞬时减小，这种现象可称为正负压叠加现象。正负孔压叠加之后，孔压将基本稳定在单独真空预压阶段稳定后的孔压范围内，每一级堆载均会有这样的现象。

实际施工过程中不会像电算一样将填土荷载分为固定的五级瞬间施加，所以实测孔压曲线也不会出现大幅波动调整。整理电算孔压数据，绘制分层孔压-时间曲线，如图6-6所示。软基中各点孔压初始值为静止水压力。

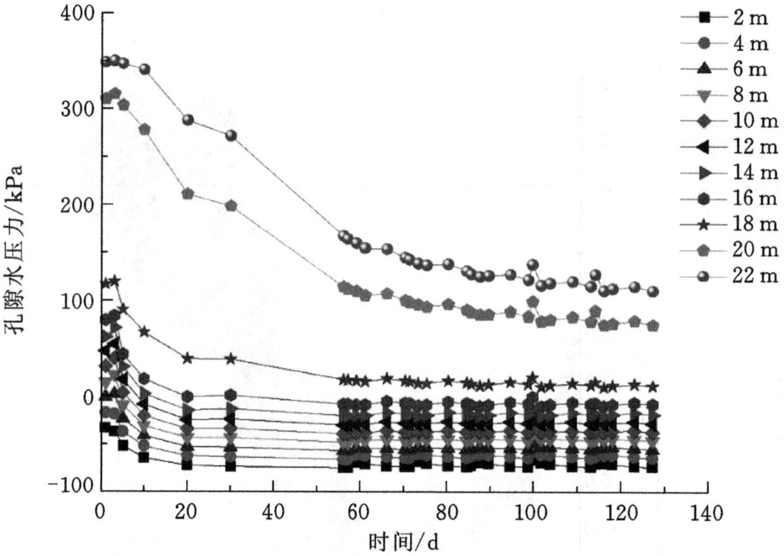

图6-6　分层孔压-时间曲线

由图6-6可知，抽真空后，土中各点孔隙水压力均有不同程度的下降。0～20 d，18 m深度范围内孔隙水压力下降明显；20～30 d，孔隙水压力下降速率明显减小，逐渐趋于稳定；30 d之后，各深度处孔隙水压力基本不变，维持在恒定值。16 m深度处孔压最终稳定在0 kPa左右，深度小于16 m的土层孔压为负值，深度大于16 m的土层孔压为正值，表明抽真空的影响范围为

16 m 左右。单独真空预压阶段孔压最终值与真空堆载联合预压阶段孔压最终值基本一致，表明每一级堆载瞬时施加时土体孔压有瞬时波动，真空堆载联合预压软基最终孔压场由真空荷载决定。

图 6-7 所示为 6 m 深度处孔压计算值与实测值的时间变化散点图及对数拟合曲线。由图 6-7 可知，计算值与实测值散点图变化趋势基本一致，在单独真空预压阶段（0～56 d）符合情况较好，在真空堆载联合预压阶段差距在 10 kPa 左右。实测孔压在 30 d 左右有所回升是因为工地有停泵的情况，在继续抽真空后，孔压又下降至原来的变化轨迹。实测值和计算值最终都趋于单独真空预压的最终恒定孔压值。实际堆载让孔压有回升现象，计算所施加均布荷载也让孔压有些许回升，但回升程度都不明显。

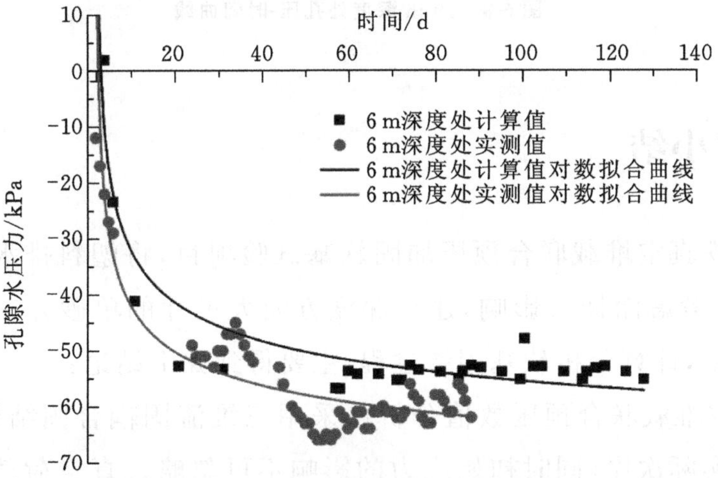

图 6-7　6 m 深度处孔压-时间曲线

图 6-8 所示为 10 m 深度处孔压计算值与实测值的时间变化散点图以及对数拟合曲线。由图 6-8 可知，计算值与实测值散点图变化趋势一致，单独真空预压阶段（0～56 d）的孔压计算值比真空堆载联合预压阶段（56～127 d）更契合实测值。实测孔压在 30 d 左右与 6 m 深度处孔压一样，有所回升，均是因为工地有停泵的情况，在继续抽真空后，孔压又下降至原来的变化轨迹。计算值与实测值离散程度较大，这或许是计算深度较深造成的。实测值和计算值最终都趋于单独真空预压的最终恒定孔压值。实际堆载让孔压有回升现象，计算所施加均布荷载也让孔压有些许回升，但回升程度都不明显。

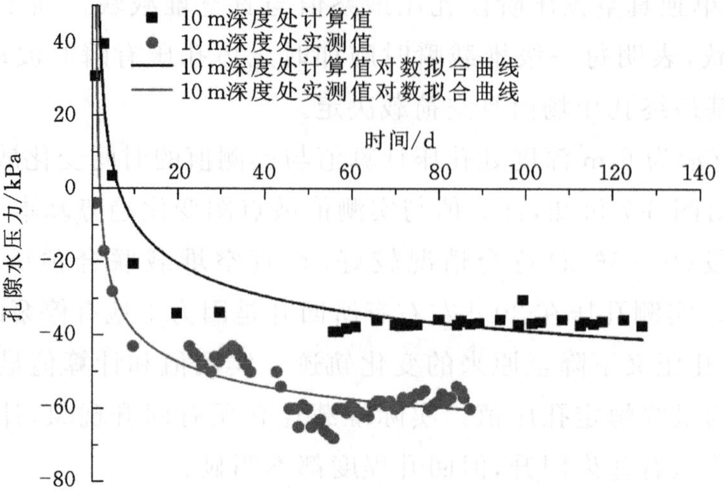

图 6-8　10 m 深度处孔压-时间曲线

6.4　本章小结

针对高铁真空堆载联合预压加固软基试验项目，将塑料排水板地基转化为砂井地基，考虑涂抹层影响，建立深度方向大尺寸的单砂井三维流固耦合地基固结模型，计算分析软基固结过程，主要得到如下结论：

(1) 真空堆载联合预压数值分析可采用三维流固耦合固结模型，应考虑荷载施加的实际次序，同时初始应力的影响不可忽略。真空荷载的处理可通过调节模型顶部结点及砂井结点孔压实现。

(2) 单独真空预压阶段，沉降、孔压在水平面上分布均匀，“锅底”形现象不明显；真空堆载联合预压阶段，沉降、孔压在水平面上“锅底”形现象随堆载的增加逐渐明显。表明真空和堆载下土体固结性状不同。

(3) 数值计算中每一级堆载施加瞬间，孔压、沉降均有较大波动，而实际施工因填土均匀且间隔时间短，孔压、沉降波动不大。数值计算中正负压叠加调整后，其孔压、沉降随时间的变化与实测值基本一致。

(4) 16 m 深度处孔压最终稳定在 0 kPa 左右，深度小于 16 m 的土层最终孔压为负值，深度大于 16 m 的土层最终孔压为正值，沉降和孔压计算表明抽真空影响深度至少可以达到 16 m。

(5) 单独真空预压阶段孔压最终值与真空堆载联合预压阶段孔压最终值基本一致，表明每一级堆载瞬时施加时土体孔压有瞬时波动，真空堆载联合预压软基最终孔压场由真空荷载决定。

(6) 在真空堆载联合预压加固软基设计及沉降、孔压预测中，应该考虑真空荷载与堆载荷载的实际施加顺序。建议先单独真空预压加固 2～4 个月，再联合分级堆载进一步加固，直到堆载高度达到填土设计标高。

第 7 章　真空预压加固软基排水体负压分布数值分析研究

7.1　引言

自 1952 年 Kjellman W 提出真空预压排水法加固软基以来，国内外土木工程界学者开展了大量关于该工法的实践应用、试验测试及理论研究工作。在理论分析方面，该法发展出了砂井固结理论，包括 Barron R A[147]、Horne M R[148]、Yoshikuni H、Nakanodo H[149-150]、Onoue A[151]、董志良[152]等的研究成果。虽然他们借鉴堆载预压固结计算方法，通过改变荷载边界条件推导了适合真空预压及真空堆载联合预压的固结解析精确解，但这些方法因假设条件简化过多，推导过程晦涩复杂，参数数量多且要求高，使得计算结果与实际结果出入较大，不便于实际应用推广。

在数值计算方面，Cheung Y K 等[56]、Indraratna B 等[57]、Hird C C 等[60]、曾国熙等[63]、Sanchez J M 等[62]、沙玲等[144]等做了二维模拟、三维模拟、砂井简化、考虑涂抹等大量研究工作。然而，涉及真空作用下竖向排水体负压分布模式的研究较少，且在具体实施过程中基本上都是使用平面应变模型替代三维实际情况。虽然不少工程实例获得了比较理想的结果，但是真空预压及堆载预压作用下的软基，其渗流及力学作用均为三维情况，理应用三维模型开展研究。在理论探索和实践应用过程中，真空预压及真空堆载联合预压加固软基的力学扰动和流体扰动均十分显著，因此采用流固耦合方法分析该工法下软基的沉降和孔压规律是十分重要的。

本章拟采用有限差分法软件，针对具体项目，在排水体负压分布不同而其他条件相同的情况下建模计算，并将计算结果与实测值对比分析，研究真空作用下土体固结过程。

7.2　工程背景

高速铁路软基加固试验段 K0＋276.51～K0＋515 段应用真空预压加塑料排水板排水固结法加固地基，加固深度达到 14.5～18.5 m。排水板为梅花形布置，间距 1.2 m。塑料排水板顶面铺设一层约 0.8 m 厚、带土工格栅的砂垫层。要求膜下真空压力不得低于 80 kPa。所加固地基土层以高压缩性、低强度的淤泥质粉质黏土层为主，计算断面如图 7-1 所示。

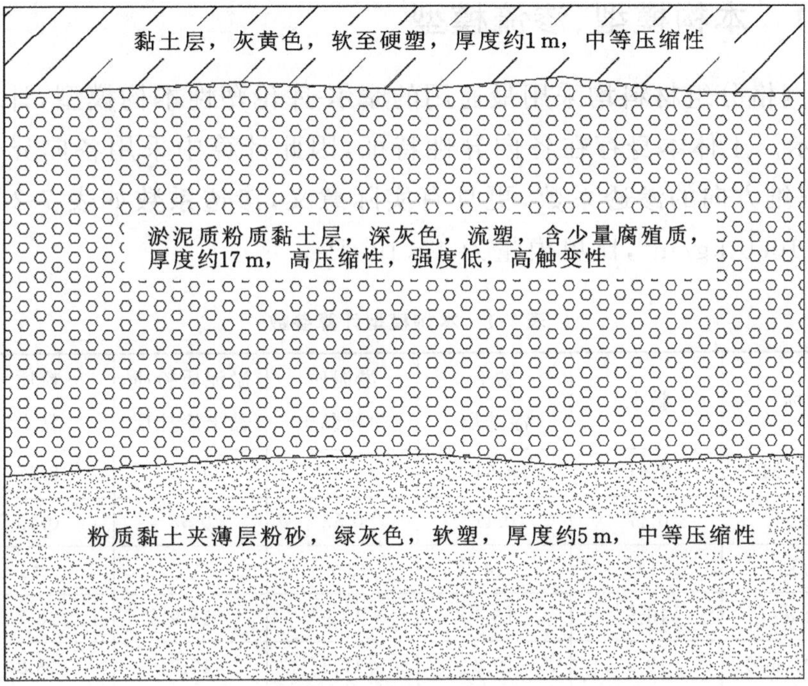

图 7-1　计算断面土层分布

地基表面沉降采用 N_4 水准仪测量，路基中线、左线中线、右线路肩位置各埋设 1 个沉降板。地基分层沉降采用 R_{40} 沉降仪测试，沉降管埋设于右线靠近路基中线的位置。孔隙水压力采用 MSY 型孔隙水压计和频率仪测量，孔隙水压计埋设在断面中心附近，从距离地表 2 m 开始埋设，间距 2 m，共埋设 10 个。真空预压持续 56 d。

7.3 数值分析计算模式

计算软件是采用拉格朗日连续介质法的有限差分法数值计算软件，该软件最初用于岩土和采矿工程的力学计算分析。后来因为其具有很强的研究复杂工程问题的能力，被拓展应用于土木、交通、水利等领域。因该软件能进行岩土材料固结过程的模拟研究，故可用该软件研究真空预压工法下的土体固结规律。

7.3.1 本构模型、渗流模型

所有网格分组材料均采用最通用的摩尔-库伦塑性本构模型，计算参数如表 7-1 所示。土体本身存在各向异性特征，因此计算中采用各向异性渗流模型，设置三维方向的渗透系数，更具有实际意义，渗透系数如表 7-2 所示。水的密度为 1000 kg/m^3，比奥模量为 4×10^9 Pa。

表 7-1 本构模型计算参数

材料名称	黏土	黏土 涂抹层	淤泥质 粉质黏土	淤泥质粉质 黏土涂抹层	粉质 黏土	砂井
压缩模量 E_s/MPa	4.61	4.61	4.35	4.35	8.77	11.66
泊松比	0.47	0.47	0.55	0.55	0.49	0.3
黏聚力 c/kPa	14	14	3.7	3.7	4	0
内摩擦角 φ/°	15.5	15.5	18.9	18.9	26.7	36
容重 γ/(kN/m^3)	19.2	19.2	17.8	17.8	18.8	19
含水量 w/%	31.9	31.9	44.4	44.4	35	—

表 7-2 渗流模型计算参数

材料名称	黏土	黏土 涂抹层	淤泥质 粉质黏土	淤泥质粉质 黏土涂抹层	粉质 黏土	砂井
水平向渗透系数 k_h/(cm/s)	0.40×10^{-7}	0.35×10^{-7}	1.44×10^{-7}	1.30×10^{-7}	0.41×10^{-7}	3×10^{-2}
垂直向渗透系数 k_v/(cm/s)	0.52×10^{-7}	0.53×10^{-7}	0.68×10^{-7}	0.69×10^{-7}	0.57×10^{-7}	3×10^{-2}

7.3.2　网格划分

根据计算断面土层分布图，建立单砂井固结模型网格。实际计算利用公式 $r_{\mathrm{w}}=\alpha(a+b)/4$，将塑料排水板转化为砂井，砂井半径为 0.05 m，涂抹层半径取其 3 倍为 0.15 m，影响区半径取其 7 倍为 0.35 m。

将每个土层划分为 1 组，将砂井划分为 1 组，将分属于不同土层砂井附近的涂抹层划分为 1 组，共划分为 6 组。

因单砂井地基轴对称，取四分之一进行计算，计算模型宽度 1.4 m，深度 23 m，共划分 2576 个单元，3346 个结点，如图 7-2 所示。

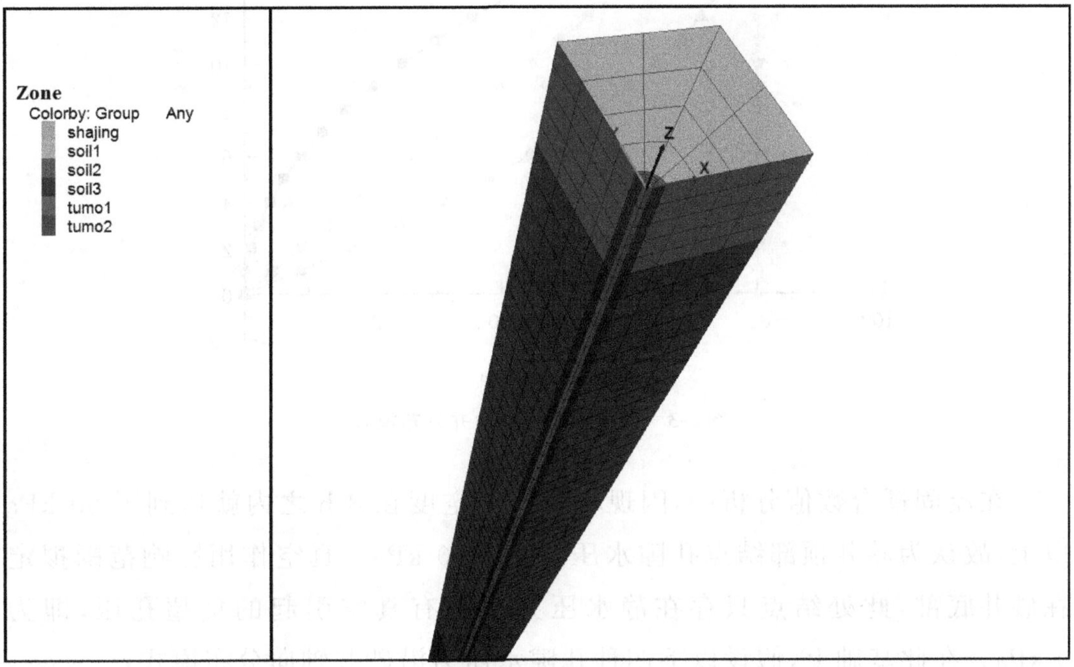

图 7-2　计算模型

7.3.3　边界、初始条件

模型顶面为自由边界；模型底面无任何方向的位移，为固定边界；模型四个侧面因受周围土体约束无水平方向位移，但有竖直方向位移；六面体模型各面均为透水边界。

假设地下水位与地面平齐，地面结点静止孔隙水压力值设置为 0，按 10 kPa 梯度沿深度线性增加。初始应力状态为重力场，赋值各个分组的密度，设置重力加速度，赋予各分组初始应力分布，计算最终初始应力场。计算达到平衡后，将整个模型结点变形及速率赋 0 值。

以砂井底部中心为原点，建立孔隙水压力-砂井高度的坐标系，如图 7-3 所示。

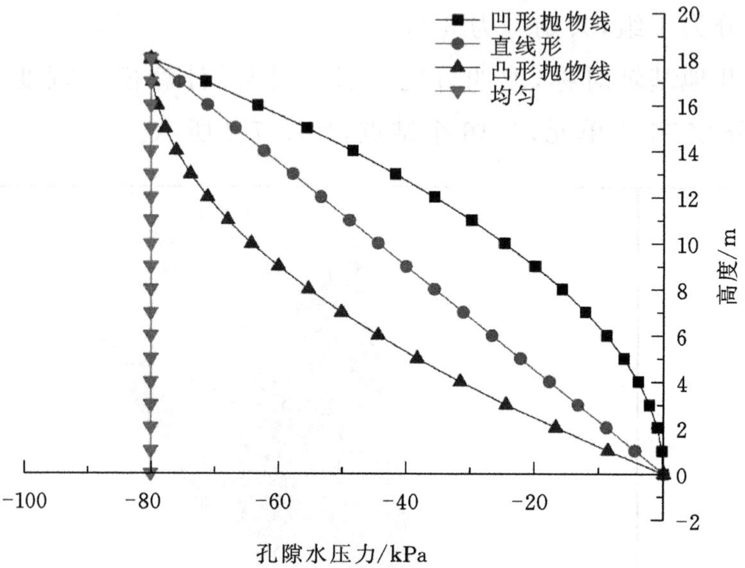

图 7-3　孔隙水压力沿砂井分布模式

在流固耦合数值分析中，因现场膜下真空度在 8 h 之内就达到了 80 kPa 以上，故认为砂井顶部结点孔隙水压力为 −80 kPa。真空作用影响范围拟定在砂井底部，此处结点只存在静水压力而没有真空引起的负超孔压，即为 0 kPa。在此基础上，假设以下四种孔隙水压力沿砂井轴向分布模式：

(1) 凹形抛物线形分布。根据标准抛物线方程 $x^2=-2py(p>0)$ 及坐标点(18，−80)，算得 $p=2.025$，故 $y=-x^2/4.05$。因其凹向砂井竖轴，故称为凹形抛物线。

(2) 凸形抛物线形分布。可根据(1)中所得抛物线方程通过平移变换得到 $y=(x-18)^2/4.05-80$。因其凸向砂井竖轴，故称为凸形抛物线。

(3) 直线形分布。过原点的直线方程为 $y=-40x/9$。

(4) 均分布。方程为 $y=-80$。

可以编制子循环命令流实现上述四种工况的真空荷载的施加。不平衡力比例设置为 10^{-4}。采用主从程序法求解，力学子步数从属于渗流子步数，渗流时间设置为 4.8483×10^{6} s。

7.4　计算结果分析

7.4.1　沉降分析

图 7-4 至图 7-7 所示分别为凹形抛物线、凸形抛物线、直线形分布、均分布四种分布模式下分层沉降-时间计算曲线。结果表明，软基沉降在 0～30 d 内发展非常迅速，30 d 之后沉降发展明显变缓，最终趋于稳定；地表土体沉降量最大，随深度增加沉降量逐渐变小，越靠近地表沉降量变化越迅速、越明显，越深则沉降量变化越缓慢，越不明显。第 56 天时，凹形抛物线形孔隙水压力分布下地表沉降达到了 82.40 cm；凸形抛物线形孔隙水压力分布下地表沉降达到了 93.95 cm；线性孔隙水压力分布下地表沉降达到了 81.69 cm；均孔隙水压力分布下地表沉降达到了 109.33 cm。22 m 深度处沉降-时间曲线基本水平，第 56 天时，22 m 深度处沉降变形分别达到了 2.74 cm、2.83 cm、2.75 cm、3.27 cm，表明真空作用在 22 m 深度处是非常微弱的。

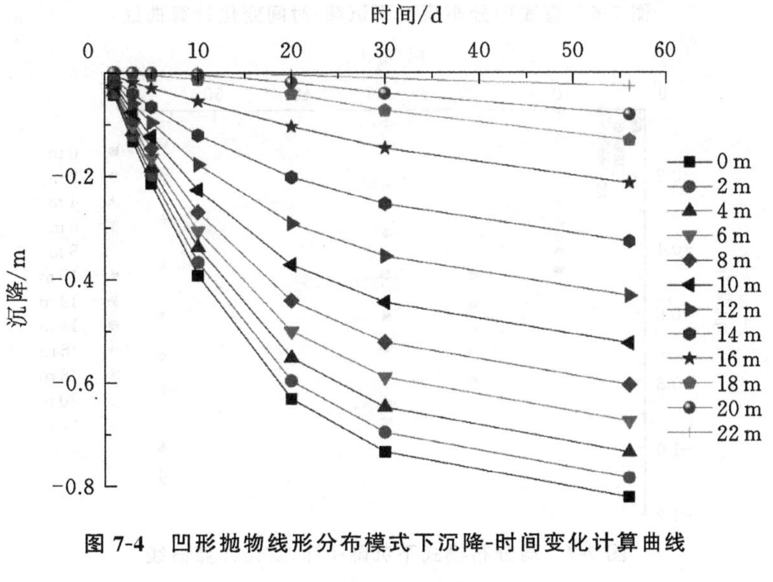

图 7-4　凹形抛物线形分布模式下沉降-时间变化计算曲线

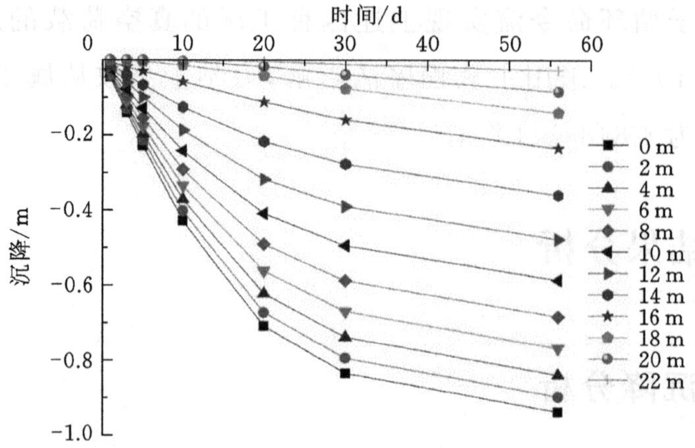

图 7-5　凸形抛物线形分布模式下沉降-时间变化计算曲线

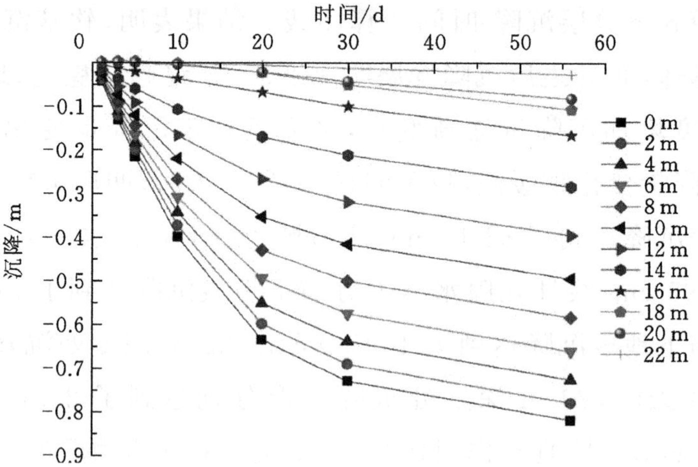

图 7-6　直线形分布模式下沉降-时间变化计算曲线

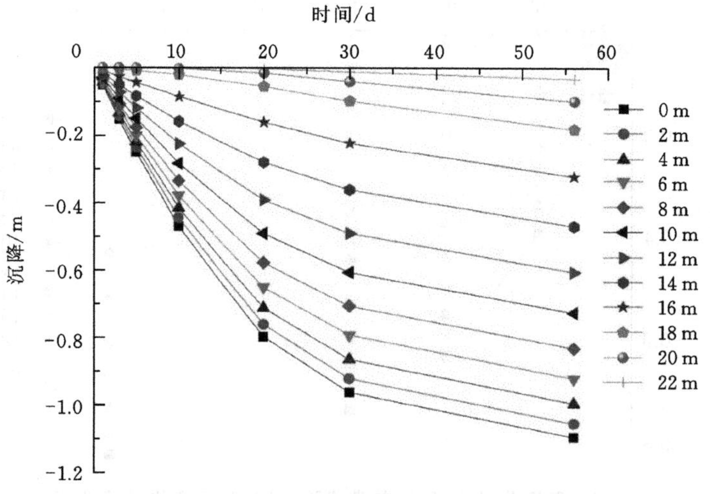

图 7-7　均分布模式下沉降-时间变化计算曲线

图 7-8、图 7-9 所示分别为 0 m、4 m 深度处四种分布模式下沉降-时间计算曲线及实测值曲线，四条计算曲线定性发展趋势与实测值一致。0～5 d，四条计算曲线与实测值曲线高度吻合；5～30 d，四条计算曲线与实测值有较大差距，凹形抛物线、直线形分布下沉降计算值与实测值的最大差距发生在 10 d 左右，达到了 8.95 cm；凸形抛物线分布下沉降计算值与实测值的最大差距发生在 30 d 左右，达到了 12.53 cm；均分布下沉降计算值与实测值的最大差距也发生在 30 d 左右，达到了 24.87 cm。30 d 之后，凹形抛物线、直线形分布下沉降计算曲线与实测值曲线吻合度非常高，差距值变化范围分别为 0.724～2.4 cm、0.01～1.65 cm；而凸形抛物线和均分布下沉降计算值、实测值的差距与 30 d 左右的差距基本一致。

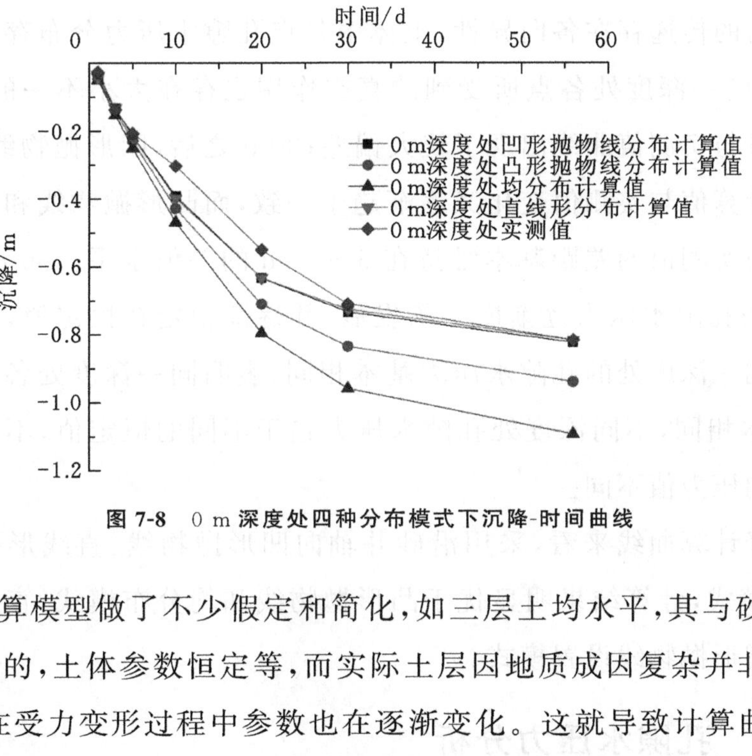

图 7-8　0 m 深度处四种分布模式下沉降-时间曲线

所建计算模型做了不少假定和简化，如三层土均水平，其与砂井及涂抹层都是均质的，土体参数恒定等，而实际土层因地质成因复杂并非水平和均质，且土体在受力变形过程中参数也在逐渐变化。这就导致计算曲线顺滑而实测曲线转折较多。0～5 d，因为真空作用对土体的影响程度较小，各深度处产生的沉降较小，因而四条计算曲线与实测值曲线吻合度高；5～30 d，四条计算曲线与实测值有较大差距，随着真空负孔隙水压力逐渐从砂井传递至更大范围的土层中，土体各深度处沉降迅速发展。但因土体的结构构造复杂，负

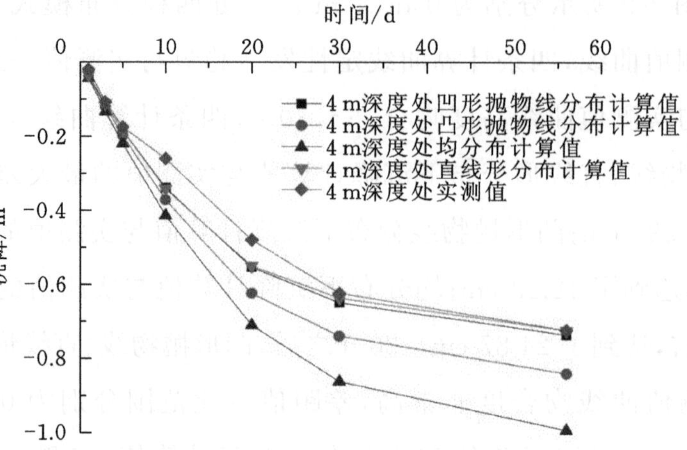

图 7-9　4 m 深度处四种分布模式下沉降-时间曲线

孔隙水压力的传递存在各向异性，土体中各点孔隙水压力分布存在极大的不平衡，即使同一深度处各点所受到的真空作用也存在大小不一的现象，因而计算值曲线与实测值曲线出现了较大偏差；30 d 之后，凹形抛物线、直线形分布下沉降计算值与实测值变化又逐渐趋于一致，而凸形抛物线和均分布下沉降计算值与实测值的差距基本维持在 5～30 d 的差值水平。30 d 之后，土体中不平衡的孔隙水压力逐渐向平衡发展，并逐渐稳定在恒定值，真空作用影响范围内同一深度处的孔隙水压力基本相同，表明同一深度处各点所受等向压力值基本相同，不同深度处孔隙水压力趋于不同的恒定值，不同深度处各点所受等向压力值不同。

从沉降计算曲线来看，采用沿砂井轴向凹形抛物线、直线形孔隙水压力两种设置模式，计算结果明显优于凸形抛物线和均分布模式，直线形设置模式略优于凹形抛物线设置模式。

7.4.2　孔隙水压力分析

图 7-10、图 7-11 所示分别为凹形抛物线、凸形抛物线分布模式下土体各深度处孔隙水压力随时间的变化曲线。

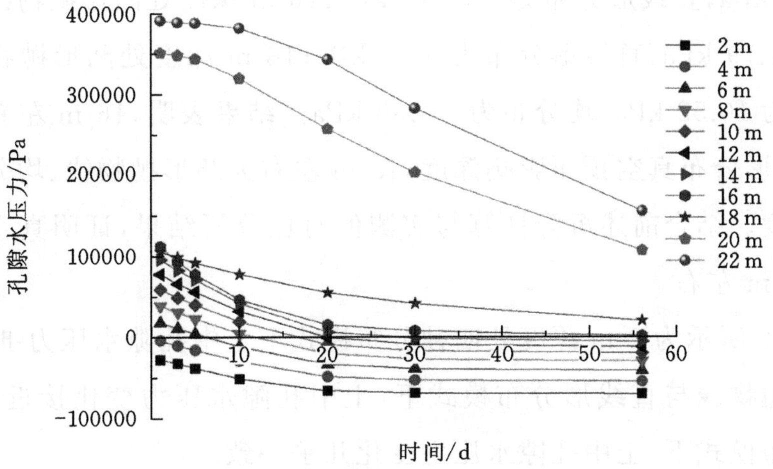

图 7-10　凹形抛物线分布模式下孔隙水压力-时间曲线

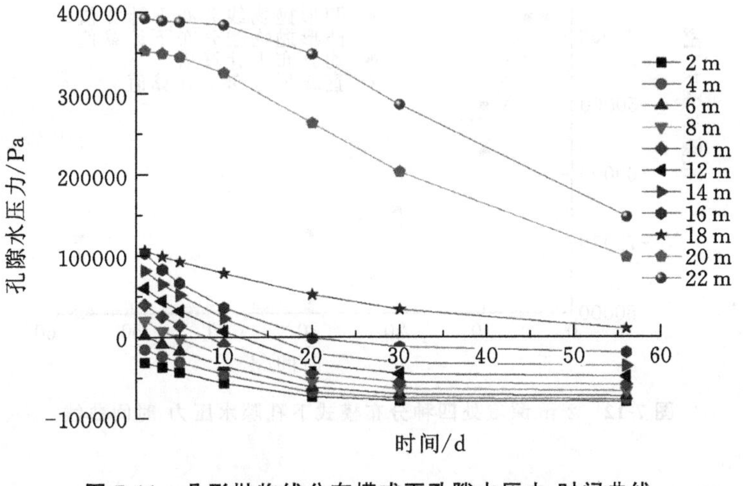

图 7-11　凸形抛物线分布模式下孔隙水压力-时间曲线

计算中假定地下水位与模型顶面平齐，因而土中各点孔隙水压力初始值为静水压力，为正值。在模型顶面及砂井中施加真空负孔隙水压力之后，土中各点孔压均有不同程度的下降。0～20 d 时间段，18 m 深度范围内孔隙水压力下降最为明显；20～30 d 时间段，孔隙水压力下降速率明显减小，逐渐趋于稳定；30 d 之后，各深度处孔隙水压力基本不变，维持在恒定值，2 m 深度处凹形抛物线分布孔隙水压力为－69.17 kPa，凸形抛物线分布为－79.59 kPa，均分布为－80.28 kPa，直线形分布为－72.20 kPa；16 m 深度处凹形抛物线分布孔隙水压力为 1.79 kPa，直线形分布为 5.84 kPa；18 m 深度处凸形抛物线分布孔隙水压力为 10.52 kPa，均分布为－5.38 kPa。结果表明，16 m 左右为凹形抛物线、直线形分布真空预压影响深度，18 m 左右为凸形抛物线、均分布真空预压影响深度。结合前述沉降计算与实测值对比分析结果，证明真空预压影响深度为 16 m 左右。

图 7-12 所示为 2 m 深度处四种分布模式下土中孔隙水压力-时间变化曲线。凹形抛物线与直线形分布模式下，土中孔隙水压力变化接近；凸形抛物线与均分布模式下，土中孔隙水压力变化几乎一致。

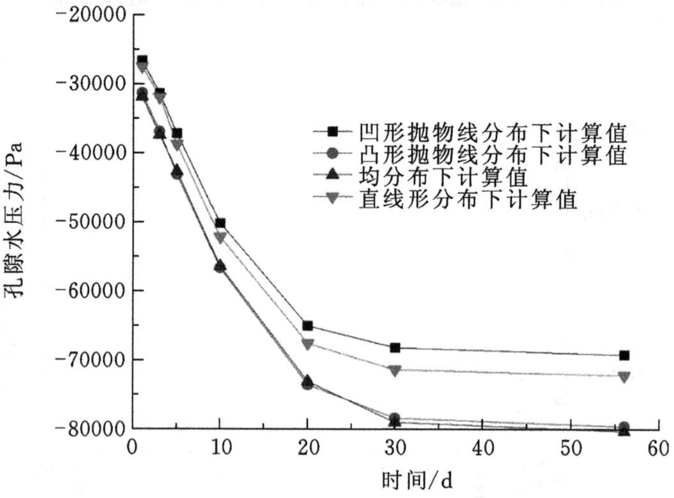

图 7-12　2 m 深度处四种分布模式下孔隙水压力-时间曲线

图 7-13、图 7-14 所示分别为 4 m、6 m 深度处四种分布模式与实测值的孔隙水压力-时间曲线。

实测孔隙水压力曲线离散程度较大，主要是现场孔隙水压力监测数据受设备、施工、人为影响等造成，不过也能定性说明一些问题。实测值通过对数拟合获得的孔隙水压力-时间变化曲线最接近直线形分布模式计算值。

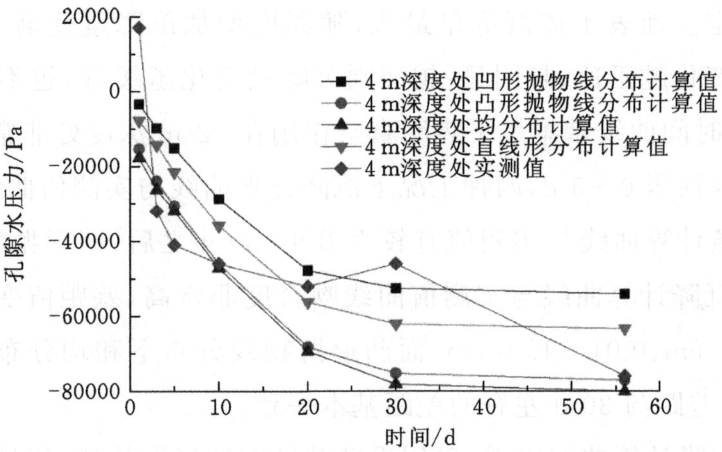

图 7-13　4 m **深度处四种分布模式与实测值的孔隙水压力-时间曲线**

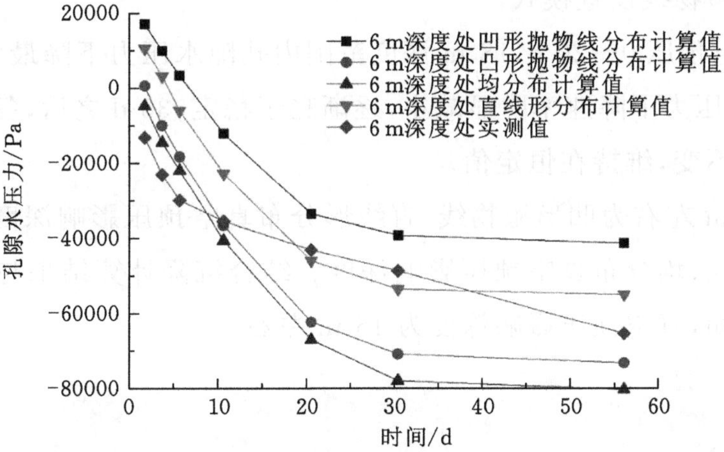

图 7-14　6 m **深度处四种分布模式与实测值的孔隙水压力-时间曲线**

7.5　本章小结

针对高铁真空预压加固软基试验段项目，采用有限差分法计算软件建立流固耦合计算模型，界定了凹形抛物线形、凸形抛物线形、直线形及均分布四种负孔隙水压力沿砂井轴线分布模式工况，分别模拟计算了土体固结过程。将计算结果与工程实测值进行对比分析后，得到如下结论：

(1) 软基沉降在 0～30 d 内发展非常迅速，30 d 之后沉降发展明显变缓，最终趋于稳定。地表土体沉降量最大，随深度增加沉降量逐渐变小，越靠近地表沉降量变化越迅速、越明显；越深则沉降量变化越缓慢，越不明显。22 m深度处沉降-时间曲线基本水平表明真空作用在 22 m 深度处非常微弱。

（2）真空预压 0～5 d，四种工况下沉降计算曲线与实测值曲线高度吻合。5～30 d，四条计算曲线与实测值有较大差距；30 d 之后，凹形抛物线分布、直线形分布下沉降计算曲线与实测值曲线吻合度非常高，差距值变化范围分别为0.724～2.4 cm、0.01～1.65 cm；而凸形抛物线分布下和均分布下沉降计算值、实测值的差距与 30 d 左右的差距基本一致。

（3）从沉降计算曲线来看，采用沿砂井轴向凹形抛物线、线性孔隙水压力两种设置模式，计算结果明显优于凸形抛物线和均分布模式，线性设置模式略优于凹形抛物线设置模式。

（4）真空预压 0～20 d，18 m 深度范围内孔隙水压力下降最为明显；20～30 d，孔隙水压力下降速率明显减小，逐渐趋于稳定；30 d 之后，各深度处孔隙水压力基本不变，维持在恒定值。

（5）16 m 左右为凹形抛物线、直线形分布真空预压影响深度，18 m 左右为凸形抛物线、均分布真空预压影响深度。结合沉降计算结果与实测值对比分析结果可知，真空预压影响深度为 16 m 左右。

参考文献

[1] KJELLMAN W.Consolidation of clay by means of atmospheric pressure [C]. Proceeding of a conference on soil stabilization. Boston: Massachusetts Institute of Technology Press,1952.

[2] LOUGHNEY G R. Vacuum stabilization of subsoil beneath runway extension at philadelphia international airport Halton[C]//Montreal conference on soil mech and foundation engineering. Canada: Montreal, 1965:62-65.

[3] 龚晓南.21世纪岩土工程发展展望[J].南京:岩土工程学报,2000,22(2):238-242.

[4] ARUTIUNIAN R N.Vacuum-accelerated stabilization of liquefied soils in landslide bodx[C].Proceedings of 8th ECSMFE,1983:575-576.

[5] 王星华.地基处理与加固[M].长沙:中南大学出版社,2002.

[6] 张永钧,秦宝玖,平涌潮,等.超载预压处理深厚软弱地基[C]//中国土木工程学会土力学及基础工程学会地基处理学术委员会.中国土木工程学会土力学及基础工程学会地基处理学术委员会第四届地基处理学术讨论会论文集.杭州:浙江大学出版社,1995:94-100.

[7] 高志义.真空预压法的机理分析[J].岩土工程学报,1989,11(4):45-56.

[8] 龚晓南,岑仰润.真空预压加固软土地基机理探讨[J].哈尔滨建筑大学学报,2002,35(2):7-10.

[9] 朱建才.真空联合堆载预压加固软基机理及工艺研究[D].浙江:浙江大学,2004.

[10] 李青松,吴爱祥,姚振巩,等.真空渗流场的形成机理探讨[J].矿业研究与开发,2004,24(6):17-20,39.

[11] 邱青长,莫海鸿,董志良.真空预压地基竖向排水体内流体的压降分析

[J].华南理工大学学报(自然科学版),2007,35(3):132-136.

[12] 高志义,张美燕,刘立钰,等.真空预压加固的离心模型试验研究 [J].港口工程,1988(1):18-24.

[13] 张力霆,李少华.粉煤灰土地基的工程特性以及提高真空预压效果的研究[J].河北水利专科学校学报,1990(2):26-35.

[14] 张诚厚,王伯衍,曹永琅.真空作用面位置及排水管间距对预压效果的影响[J].岩土工程学报,1990,12(1):45-52.

[15] 张力霆,卢勇正,李树国.改善真空预压加固效果的试验研究[J].河北工程技术高等专科学校学报,1999(1):12-18.

[16] 王永强.真空预压荷载下地基土的静载试验分析[J].中国港湾建设,1999(2):27-28.

[17] 高志义,张美燕,张健.真空预压联合电渗法室内模型试验研究[J].中国港湾建设,2000(5):58-61.

[18] 严蕴,房震,花剑岗.真空堆载预压处理软基效果的室内试验研究[J].河海大学学报(自然科学版),2002,30(5):118-121.

[19] MAHFOUZ A H,LIU H L,ZHAO Z H,et al.Laboratory studx for effects vacuum preloading on physical and mechanical properties of soft clayey soils[J].Journal of Southeast University (English Edition),2005,21(1):82-87.

[20] INDRARATNA B,REDANA I W.Laboratory determination of smear zone due to vertical drain installation[J].Journal of geotechnical and geoenvironmental engineering,1998,124(2):180.

[21] 吴桂芬,高玉峰,魏代现,等.真空和堆载两种预压法的室内实验研究[J].岩土力学,2005,26(增刊1):95-98.

[22] 房营光,徐敏,朱忠伟.碱渣土的真空-电渗联合排水固结特性试验研究[J].华南理工大学学报(自然科学版),2006,34(11):70-75.

[23] 邱青长,莫海鸿,董志良,等.真空吸力作用流体的流型及压降试验研究[J].科学技术与工程,2006,6(20):3262-3267.

[24] 董志良,李婉,张功新.真空预压法加固潮间带软土地基的试验研究[J].

岩石力学与工程学报,2006,25(合刊2):3490-3494.
[25] 秦焱,王清,侯红英.真空加固前后软土工程地质性质研究[J].世界地质,2007,26(1):89-93.
[26] 艾英钵,蔡南树,柯朝辉.减小真空预压区外土体侧向变形的措施[J].河海大学学报(自然科学版),2007,35(6):686-689.
[27] 周波,张可能,杨庆光,等.南沙深厚软土真空预压法的现场试验与应用研究[J].湖南科技大学学报(自然科学版),2008,23(1):60-65.
[28] 邱青长,罗彦.南沙港区软土固结孔压特性试验研究[J].中国港湾建设,2009(4):23-25.
[29] 胡珩,王保田.真空作用面位置对加固效果影响的试验研究[J].岩土力学,2009,30(5):1287-1296.
[30] 朱群峰,高长胜,占鑫杰,等.考虑板土相互作用的排水板通水特性试验研究[J].岩土工程学报,2017,39(12):2158-2164.
[31] 曾芳金,石常鑫,符洪涛,等.匀速等量堆载的真空联合堆载预压下吹填土工程特性试验研究[J].科学技术与工程,2018,18(15):137-142.
[32] 刘春原,朱楠,赵献辉,等.湖泊相软土真空堆载联合预压法的离心机试验研究[J].岩土力学,2015,36(增刊1):310-314.
[33] 娄炎.负压条件下软土地基的孔隙水压力[J].水利学报,1988(4):48-52.
[34] 孔德金,郭述军.对软基加固检测分析中几个问题的认识[J].1999(4):30-32.
[35] 聂跃高,赵维炳,施建勇,等.高速公路软基膜下真空度的影响因素及对策[J].2002,14(6):143-144.
[36] 程琪,王卫东.真空预压法加固连云港庙岭三期软基可行性试验[J].中国港湾建设,2002(3):48-51.
[37] 岑仰润.真空预压加固地基的试验及理论研究[D].浙江:浙江大学,2003.
[38] 朱平,闫澍旺,刘润,等.真空预压法加固路堤软基的工程实例分析[J].岩土工程学报,2003,25(4):508-510.
[39] 夏玉斌,王剑平,唐元松.椒江污水处理工程超深软基真空预压加固效果综合分析[J].工程地质学报,2004,12(增刊1):411-417.

[40] 孙治林,牛恩宗.黄骅港堆场软基真空预压效果及监测[J].水运工程,2005(4):27-30.
[41] 金志宝,朱建才.真空联合堆载预压加固桥头软基的沉降监测分析[J].岩土工程师,2005,17(1):46-48.
[42] 艾凯,徐兵,张计,等.真空预压法在某泵站工程中的应用与研究[J].长江科学院院报,2005,22(5):52-54.
[43] 张功新,莫海鸿,董志良.孔隙水压力测试和分析中存在的问题及对策[J].岩石力学与工程学报,2006,25(增刊2):3535-3538.
[44] 韩雪峰,邝国麟,谭国焕,等.水下真空预压过程中孔隙水压力变化规律研究[J].岩土工程学报,2008,30(5):658-662.
[45] 董志良.堆载及真空预压砂井地基固结解析理论[J].水运工程,1992(9):1-7.
[46] 董志良.堆载及真空预压法加固地基地下水位及测管水位高度的分析与计算[J].水运工程,2001(8):15-19.
[47] 徐泽中,刘世同,柴玉卿.真空堆载联合预压法的渗流分析[J].河海大学学报(自然科学版),2002,30(3):85-88.
[48] 朱斌,陈若曦,陈云敏,等.分层真空预压软土地基一维大变形固结模型及试验研究[J].浙江大学学报(工学版),2007,41(11):1927-1936.
[49] 鲍树峰,周琦,陈平山,等.负压非均匀分布边界条件下砂井地基固结解析 [J].水运工程,2015(3):12-20.
[50] 周琦,张功新,王友元,等.真空预压条件下的砂井地基 Hansbo 固结解[J].岩石力学与工程学报,2010,29(增刊2):3994-3999.
[51] 胡亚元.半透水边界砂井真空联合堆载预压 Hansbo 固结解 [J].工程科学学报,2018,40(7):783-792.
[52] 赵辉,李粮纲.堆载预压排水固结法加固软土地基的固结度分析 [J].探矿工程(岩土钻掘工程),2005,32(3):9-11.
[53] 雷鸣,徐汉勇,匡希龙,等.真空作用下软土固结机制及实例分析 [J].铁道科学与工程学报,2019,16(6):1433-1439.
[54] 王星华,雷鸣.真空预压加固软基竖向排水体负压分布模式研究 [J].工

业建筑,2010,40(10):86-90.

[55] 雷鸣,王星华,夏力农,等.真空预压数值分析中竖向排水通道的讨论[J].铁道学报,2009,31(1):78-81.

[56] CHEUNG Y K, LEE P K, XIE K H. Some remarks on two and three dimensional consolidation analysis of sand-drained ground [J]. Computers and geotechnics, 1991(12):73-87.

[57] INDRARATNA B, REDANA I W. Plane-strain modeling of smear effects associated with vertical drains[J]. Journal of Geotechnical and Geoenvironmental Engineering, 1997, 123(5):474-478.

[58] INDRARATNA B, REDANA I W. Closure: Plain strain modeling of smear effects associated with vertical drains[J]. Journal of Geotechnical and Geoenvironmental Engineering, ASCE. 1999(1):96-99.

[59] INDRARATNA B, REDANA I W. Numerical modeling of vertical drains with smear and well resistance installed in soft clay[J]. Canadian Geotechnical Journal, 2000, 37(1):132-145.

[60] HIRD C C, PYRAH I C, RUSSELL D. Finite element modelling of vertical drains beneath embankments on soft ground[J]. Geotechnique, 1992, 42(3):499-511.

[61] HIRD C C, PYRAH I C, RUSSELL D, et al. Modelling the effect of vertical drains in two-dimensional finite element analyses of embankments on soft ground[J]. Canadian Geotechnical Journal, 1995, 32(5):795-807.

[62] SANCHEZ J M, SAGASETA C. Analysis of staged construction of embankments on soft soil[C]. Santander. 1990.

[63] 曾国熙,王铁儒,顾尧章.砂井地基的若干问题[J].岩土工程学报.1981,3(3):74-81.

[64] 曾国熙,谢康和,朱向荣,等.竖井排水固结理论研究的若干进展[C]//结构与地基国际学术研讨会论文集.杭州:浙江大学出版社,1994.

[65] ZENG G X. New development of the vertical drain theories [C].

Proceedings of 12th ICSMFE,Rio de Janeiro,1989.

[66] CHAI J C,MIURA N,BERGADO D T,et al.Behavior of vertical drain improved subsoil under embankment loading[J].Soils and Foundations,1995,35(4):49-61.

[67] CHAI J C,MIURA N.Investigation of factors affecting vertical drain behavior [J]. Journal of Geotechnical and Geoenvironmental Engineering,1999,125(3):216-236.

[68] CHAI J C,SHEN S L,MIURA N,et al.Simple method of modeling PVD-Improved subsoil [J]. Journal of Geotechnical and Geoenvironmental Engineering,2001,127(11):965-972.

[69] BERGADO D T,ASAKAMI H,ALFARO M C,et al.Smear effects of vertical drains on soft Bangkok clay [J]. Journal of Geotechnical Engineering,ASCE.1991,117(10): 1509-1530.

[70] BERGADO D T,BALASUBRAMANIAMA S,FANNIN R J,et al.Full scale field test of prefabricated vertical drain(PVD) on soft Bangkok clay and subsiding environment[C].New York:Geotechnical Special Publication,1997.

[71] BERGADO D T, BALASUBRAMANIAMA S, FANNIN R J, et al. Prefabricated vertical drains (PVDs) in soft Bangkok clay:a case studx of the new Bangkok international airport project[J].Canadian Science Publishing,2002,39(2):304-315.

[72] KIM Y T,LEE S R.An equivalent model and back-analysis technique for modeling in situ consolidation behavior of drainage-installed soft deposits[J].Computers and geotechnics,1997,20(2):125-142.

[73] AMIR M A,HERRMANN L R.Continuum model and analysis of wick-drained systems[J].International journal for numerical and analytical methods in geomechanics,1993,17(12):827-847.

[74] 林丰,陈环.真空和堆载作用下砂井地基固结的边界元分析[J].岩土工程学报,1987,9(4):13-22.

[75] 沈珠江,陆舜英.软土地基真空排水预压的固结变形分析[J].岩土工程学报,1986,8(3):7-15.

[76] 陈析,周卫,洪宝宁.真空-堆载联合预压加固软基过程的数值分析[J].南京理工大学学报(自然科学版),2000,24(5):457-461.

[77] 周顺华、王炳龙、李尧臣,等.真空排水固结法处理地基的沉降计算[J].铁道学报,2001,23(2):58-60.

[78] 吴跃东,余湘娟,殷宗泽.负压条件下考虑土体损伤和流变的有限元分析[J].岩土力学,2002,23(2):137-141.

[79] 陈远洪,洪宝宁,龚道勇.真空预压法对周围环境影响的数值分析[J].岩土力学,2002,23(3):382-386.

[80] 徐立新,陈云敏,吕庆雷,等.真空预压法加固高速公路软基的有限元分析[J].河海大学学报(自然科学版),2004,32(5):587-591.

[81] 姜增国,刘伏成.软基真空预压加固沉降过程的数值模拟研究[J].岩土工程界,2005,8(10):30-31.

[82] 何良德,宋少华,熊国平,等.真空预压地基最终应力和位移的解析解[J].河海大学学报(自然科学版),2005,33(2):194-197.

[83] 董志良,陈平山,莫海鸿,等.真空预压法有限元计算比较[J].岩石力学与工程学报,2008,27(11):2347-2353.

[84] 刘华,钱德玲,付聪.基于 ABAQUS 的软土地基加固有限元分析[J].合肥工业大学学报(自然科学版),2009,32(8):1229-1232.

[85] 薛红波,娄炎.砂井真空排水法加固饱和软土地基的强度特征[J].水利学报,1990(6):61.

[86] 麦远俭.真空预压加固中软粘土不排水剪切强度的增长[J].水运工程,1998(12):53-57.

[87] LEONG E C, SOEMITRO R A A, RAHARDJO H. Soil improvement by surcharge and vacuum preloadings[J]. Geotechnique, 2000, 50(5): 601-605.

[88] 黄腾,张迎春,杨春林,等.真空联合堆载加固软基的抗滑稳定性模型与应用[J].水运工程,2001(2):11-15.

[89] 范须顺.真空预压法软基加固施工中若干问题的概述[J].港口工程,1995(4):17-20,45.

[90] 于志强,李卫,喻志发.滑坡区真空联合堆载预压法软基加固施工[J].水运工程,2001(10):60-64.

[91] 彭劼,刘汉龙,陈永辉,等.真空-堆载联合预压法软基加固对周围环境的影响[J].岩土工程学报,2002,24(5):656-659.

[92] 余湘娟,吴跃东,赵维炳.真空预压法对加固区边界影响的研究[J].水利学报,2002(9):123-128.

[93] 童中,汪建斌.软土路基真空联合堆载预压位移监测与分析[J].岩土力学,2002,23(5):661-666.

[94] 王劲,陈晓平.真空预压法对周边地基变形影响的研究[J].岩石力学与工程学报,2005,24(增刊2):5490-5494.

[95] 霍吉栋,朱平.浅谈软土区真空预压法对周边构筑物的影响[J].港工技术,2006(3):49-50.

[96] 张诚厚,陈绪照.真空降水加固吹填土的研究[J].水运工程,1992(1):37-44.

[97] 朱建中.水平排水板在真空预压施工中的应用[J].勘察科学技术,1993(1):20-23.

[98] 付瑞清,郭述军,朱胜利,等.真空预压施工技术的改进及地基加固效果分析[J].港口工程,1997(6):40-44.

[99] 陈锦庆.真空预压联合砂井桩加固软基技术的应用[J].水利水电快报,2001,22(22):16-18.

[100] 顾培,赵亚南.真空预压加固潮间带软土地基的施工技术[J].人民长江,2001,32(6):23-25.

[101] 林鹏,许镇鸿,苏锦文.真空降水联合加载预压法在软土地基处理中的应用研究[J].建筑科学,2002,18(1):53-55,62.

[102] 谢弘帅,宰金璋,刘庆华.真空井点降水堆载联合加固软土路基机理[J].岩土工程学报,2003,25(1):119-121.

[103] 丁利,王立忠,陈云敏,等.软基处理新方法-IFCO强制固结法及其固结

度求解[J].水运工程,2003(3):6-10.

[104] 王志辉."高真空击密法"在厦门船运基地软基加固中的应用[J].福建建筑,2008(6):64-67.

[105] 罗戌,顾长存,马殿光.常规真空预压与低位真空预压软基加固方法比较[J].水道港口,2004,25(3):163-167.

[106] 陈顺益.潮间带水下真空预压联合堆载预压软基处理施工工艺[J].世界桥梁,2005(4):72-75.

[107] 黄瑞,夏玉斌,黄旺祥.大铲湾港区一期试验区直排式真空预压法[J].水运工程,2009(5):122-127.

[108] 李军,胡继业,邓元广.大面积吹填陆域真空预压密封墙处理技术的应用[J].水运工程,2004(2):44-48.

[109] 何开胜.堤坝滑坡区土性试验和灾害治理[J].自然灾害学报.2007,16(1):81-87.

[110] 何浩强,高海江.复杂条件下真空预压法加固软基施工工艺探讨[J].浙江建筑,2006,23(8):50-52.

[111] 倪洪波,高晓俊,苏华银,等.真空预压在处理大面积厂房软基中的应用[J].土工基础,2008,22(6):33-39.

[112] 丁剑鹏.聚氯乙烯复合膜在真空预压技术中的应用探讨[J].广东建材,2008(5):16-18.

[113] 刘寒鹏,孙锐,刘文东.膜上覆水真空预压技术在软土地基处理中的应用[J].地质与勘探,2008,44(3):87-90.

[114] 高峰,闵佳华.排水固结法地基处理技术的应用[J].山西能源与节能,2006(1):18-20.

[115] 李军,杨福麟.人工插膜结合粘土密封墙作为真空预压侧向密封系统的试验[J].港工技术,2008(4):38-40.

[116] 徐猛,黄家青,唐彤芝.软式透水管在高速公路真空预压工程中的应用研究[J].水利与建筑工程学报,2007,5(2):22-26.

[117] 邱青长,莫海鸿,董志良,等.水泥搅拌桩和砂桩在真空预压防护工程中应用与分析[J].岩土工程学报,2007,29(1):143-146.

[118] 林正珍,邓昭林.水下真空联合堆载预压处理潮间带软基[J].水运工程,2005(8):67-69,74.

[119] 蔡南树,柯朝晖,董志良,等.特殊条件下的真空预压密封技术[J].水运工程,2005(9):118-121.

[120] 孙田磊,杨福麟,陈伟明,等.新型真空预压粘土密封墙施工设备及其应用[J].水利水运工程学报,2009(3):80-85.

[121] 岑仰润.真空预压加固地基的试验及理论研究[D].浙江:浙江大学,2003.

[122] 铁道第三勘察设计院集团有限公司,中铁第四勘察设计院集团有限公司,中国铁道科学研究院.高速铁路设计规范:TB 10621—2014[S].北京:中国铁道出版社,2014.

[123]《地基处理手册》编写委员会.地基处理手册[M].北京:中国建筑工业出版社,1988.

[124] 中国建筑科学研究院.建筑地基处理技术规范:JGJ 79—2002[S].北京:中国建筑工业出版社,2002.

[125] 谢康和.砂井地:基固结理论,数值分析与优化设计[D].杭州:浙江大学,1987.

[126] 赵维炳,陈永辉,龚友平.平面应变有限元分析中砂井的处理方法[J].水利学报,1998(6):53.

[127] INDRARATNA B,RUJIKIATKAMJORN C,SATHANANTHAN I. Analytical and numerical solutions for a single vertical drain including the effects of vacuum preloading [J].Canadian Geotechnical Journal, 2005,42(4):994-1014.

[128] TRAN T A,MITACHI T.Equivalent plane strain modeling of vertical drains in soft ground under embankment combined with vacuum preloading[J].Computers and geotechnics,2008,35(5):655-672.

[129] 谢康和.层状土半透水边界一维固结分析[J].浙江大学学报(工学版),1996,30(5):567-575.

[130] 李西斌,谢康和,王奎华,等. 双面半透水边界饱和土层在循环荷载作用

下的一维粘弹性固结解析解[J].工程力学,2004,21(5):103-108,99.

[131] 刘加才.层状砂井地基固结分析及其工程应用[D].南京:河海大学,2004.

[132] 江文豪,詹良通.真空联合堆载预压下基于指数形式渗流的砂井地基非线性固结解[J].工程力学,2021,38(2):69-76,133.

[133] 张玉国,杨晗玥,段萌萌,等.真空-堆载联合预压条件下复合地基固结解析解[J].长江科学院院报,2019,36(5):75-80.

[134] 叶观宝,张晴雯,张振.真空联合堆载预压下混凝土芯砂石桩复合地基固结特性理论分析[J].岩土力学.2016,37(12):3356-3364.

[135] TIAN Y,WU W B,JIANG G S,et al.Analytical solutions for vacuum preloading consolidation with prefabricated vertical drain based on elliptical cylinder model[J].Computers and geotechnics,2019,116(12):103202.1-103202.13.

[136] 张玉国,杨晗玥,段萌萌,等.考虑无井阻和土体非线性的真空-堆载联合预压复合地基固结分析[J].科学技术与工程,2020,20(16):6570-6577.

[137] 李菲菲,谢康和,邓岳保.考虑指数流的真空预压竖井地基固结解析解[J].中南大学学报(自然科学版),2015,46(3):1075-1081.

[138] 许波,雷国辉,郑强,等.考虑涂抹区压缩及渗透系数变化的堆载预压固结解[J].岩土力学,2014,35(6):1607-1616.

[139] 武崇福,曹海莹,刘光秀.改进的砂井地基等效建模法及工程优化[J].公路交通科技,2012,29(8):36-43.

[140] 郭彪,龚晓南,卢萌盟,等.真空联合堆载预压下竖井地基固结解析解[J].岩土工程学报,2013,35(6):1045-1054.

[141] HANSBO S.Consolidation of fine-grained soils by prefabricated drains[C]//Proceedings of the 10th International Conference on Soil Mechanics and Foundation Engineering.Stockholm,1981:677.

[142] 高长胜,张凌,汪肇京,等.塑料排水板的等效直径[J].水利水运工程学报,2002,(4):28-32.

[143] 林伟岸,江文豪,詹良通.考虑真空加载过程及堆载随时间变化下砂井

地基的普遍固结解析解[J].岩土力学,2021,42(7):1828-1838.

[144] 沙玲,刘鸿,王国才.真空-推载联合预压法处理吹填土地基的大变形有限元分析[J].浙江工业大学学报,2021,49(2):140-146.

[145] HOLTZ R D, JAMIOLKOWSKI M B, LANCELLOTTA R, et al. Prefabricated Vertical Drains: Design and Performance [M]. London: Construction Industry Research & Information Assoc, 1991.

[146] 代国忠,顾欢达.土力学与基础工程[M].重庆:重庆大学出版社,2011.

[147] BARRON R A. Closure of "Consolidation of fine-grained soils by drain wells" [J]. Transaction of the American Society of Civil Engineers, 1948, 113: 751-754.

[148] HORNE M R. The consolidation of a stratified soil with vertical and horizontal drainage [J]. International Journal of Mechanical Sciences, 1964, 6(2): 187-197.

[149] YOSHIKUNI H. Design and control of construction in the vertical drain method[M]. Gihoudou Publishing Company Limited. 1979.

[150] YOSHIKUNI H, NAKANODO H. Consolidation of soils by vertical drain wells with finite permeability [J]. Soils and Foundations, 1974, 14 (2): 35-46.

[151] ONOUE A. Consolidation by vertical drains taking well resistance and smear into consolidation [J]. Soils and Foundations, 1988, 28 (4): 165-174.

[152] 董志良.堆载及真空预压砂井地基固结解析理论[J].水运工程,1992(9):1-7.